平面图形感知能力有效提升

天才数学秘籍

[日] 石川久雄 著　日本认知工学 编　卓扬 译

趣味描点、
化繁为简，简单有
效解决轴对称问题

适用于
小学全年段

山东人民出版社
国家一级出版社 全国百佳图书出版单位

图书在版编目（CIP）数据

天才数学秘籍. 趣味描点、化繁为简，简单有效解决轴对称问题 /（日）石川久雄著 ；日本认知工学编 ；卓扬译. -- 济南 ：山东人民出版社，2022.11
ISBN 978-7-209-14029-4

Ⅰ. ①天… Ⅱ. ①石… ②日… ③卓… Ⅲ. ①数学—少儿读物 Ⅳ. ①01-49

中国版本图书馆CIP数据核字(2022)第174480号

天才数学秘籍·趣味描点、化繁为简，简单有效解决轴对称问题
TIANCAI SHUXUE MIJI QUWEI MIAODIAN、HUAFANWEIJIAN，JIANDAN YOUXIAO JIEJUE ZHOUDUICHEN WENTI
[日] 石川久雄 著　日本认知工学 编　卓扬 译

主管单位 山东出版传媒股份有限公司
出版发行 山东人民出版社
出 版 人 胡长青
社　　址 济南市市中区舜耕路517号
邮　　编 250003
电　　话 总编室 (0531) 82098914
市场部 (0531) 82098027
网　　址 http://www.sd-book.com.cn
印　　装 固安兰星球彩色印刷有限公司
经　　销 新华书店
规　　格 24开（182mm×210mm）
印　　张 4.5
字　　数 20千字
版　　次 2022年11月第1版
印　　次 2022年11月第1次
ISBN 978-7-209-14029-4
定　　价 380.00元（全10册）
如有印装质量问题，请与出版社总编室联系调换。

致本书读者

2008年2月,《描点法,让孩子赢在图形认知的起跑线上》一书顺利出版。11月,后续升级版本《描点法，让孩子赢在图形认知的起跑线上（神童级）》又与各位读者见了面。

“描点法”画图，简单来说就是在格点页面上连接一个个点，模仿示范图的样子画出同样的图形。在连接点与点的过程中，孩子进行控笔运笔练习，通过记忆图形的位置和形状，训练他们的短期记忆能力。此外，集中注意力临摹复杂图形，也有益于减少做题中的低级计算错误和抄写错误。

感谢读者对本书的信任和支持，在这5年间书籍销量持续向好。我们也欣喜地收到了这样的反馈：

“对于小学生来说，脑力游戏的形式让他们兴致勃勃。”

“考试中遇到立体图形题目再也不会做错了。”

轴对称模块有效提升图形基础能力

与此同时，我们也收到了许多家长的咨询：“还会出版与平面图形相关的新书吗？”

据了解，小学生在平面图形中的弱项大致有以下几种：

- 复杂图形的面积
- 角度
- 轴对称 · 点对称

其中，“轴对称 · 点对称”模块能有效提升解决图形问题的基本能力。轴对称问题，学生利用身边的镜子、玻璃等物品，其实可以相对容易地接受。而本书通过描点法画图，主要是帮助学生进一步掌握左右对称的意义。

此外，如果没有进行特定的训练，想要正确画出图形也有一定的难度。

翻开本书，希望读者在点与点的连接中，通过反复描画轴对称图形，将目光聚焦在其中的细微区别之处，从而绘制出正确的图形。这就是本书的目的。

当然，提升对复杂轴对称图形的感知力也是本书的培养目标。

正确、耐心地临摹很重要

对于描点法画图，“正确”是最重要的事。（与前作不同，本书不仅考验临摹能力，更检验学生对“绘制轴对称图形”的理解。但画图的原则始终不变。）

在达成正确的目标之后，我们再向下一个目标——“正确快速”前进。

值得注意的是，在“天才篇”部分会涉及一些“思维拓展”这一难度的内容。如果是五年级以下的学生，可以不掌握这部分内容。

这是学霸级的问题了吧？家长们可别这么想。当孩子遇到想不明白的问题时，可以利用手边的镜子，让孩子实际感受一下图形的轴对称关系。

本书使用指南

1. 请根据题目提供的信息，正确绘制出轴对称图形或轴对称关系。描点画图的基础是连接点和点。请多多练习，尽量达到不使用尺子也能画出直线的水平。

2. 如何判断正确与错误：
   ① 线条端点是否与格点重合；
   ② 实线与虚线是否正确区分。
   如果以上两点皆为正确，那么即使在画图过程中线条略微弯曲，解答也为正确。因为要求过于严格，反而会打击孩子的学习热情。此外，假设图形临摹正确，但上下左右位置出现偏移，那么对解答的判断为错误。

3. 解题请让孩子本人来，家长不要越俎代庖，做一名帮手就可以了。可以提供镜子，给孩子进行提示。

4. 学习是一件循序渐进的事情，请不要一口气做许多题目，一天的练习量最好不要超过 5 页。本书可以用在数学学习的前期以及数学作业的中期，作为一道“甜品”来食用。

5. 请家长在第一时间判断解答是否正确，并给孩子及时进行反馈和改正，这有助于保持他们的学习动力。

轴对称是什么

把一个平面图形沿着某一条直线折叠，直线两旁的部分能够互相重合，这个图形就叫做“轴对称图形”。这条直线就是这个图形的“对称轴”。

平面上的两个图形，将其中一个图形沿着某一条直线折叠，如果它能够与另一个图形重合，那么就说这两个图形关于这条直线对称，简称“成轴对称”。这条直线是“对称轴”。

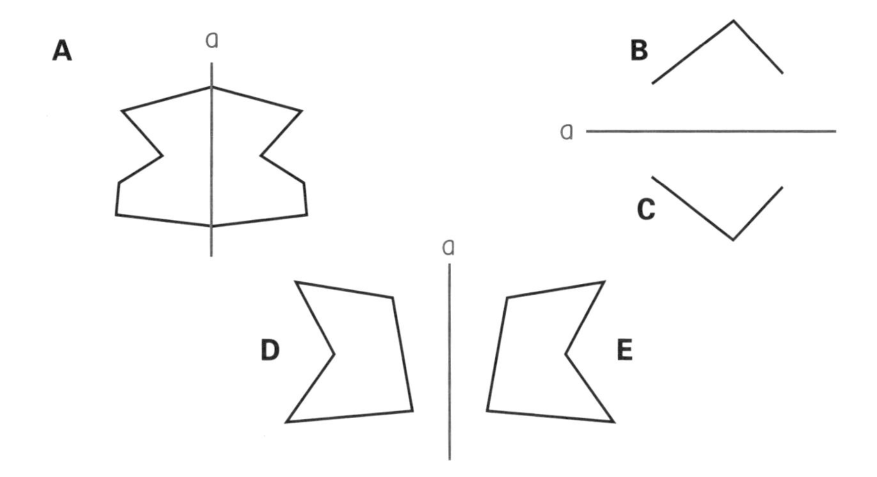

图形 A 是轴对称图形。

图形 B、C，图形 D、E，分别关于直线 a 对称。

直线 a 是对称轴。

没问题的话，我们就进入“例题”演练吧。

例题

请进行补充绘制，使之形成轴对称图形或轴对称关系。

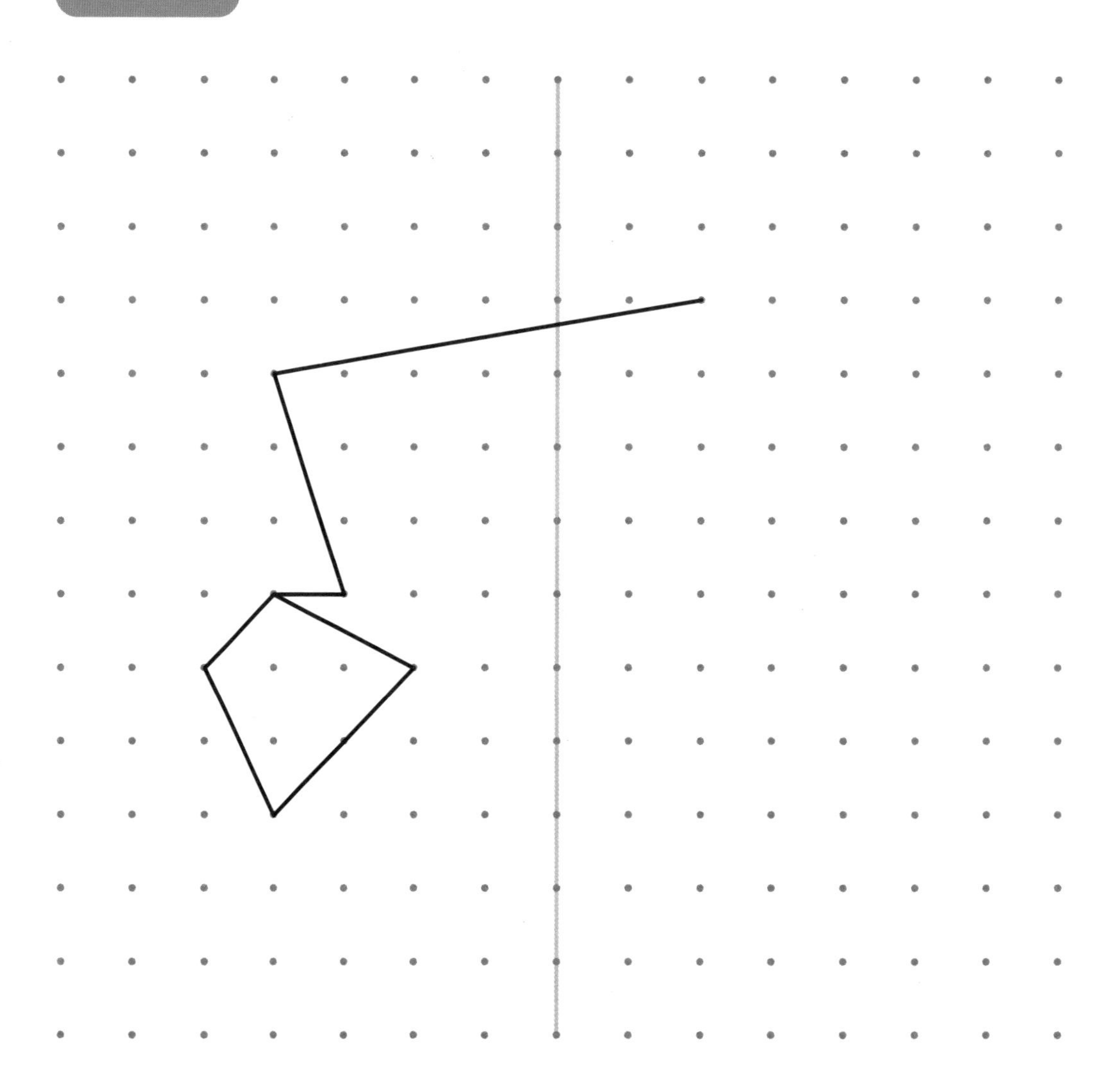

- 点与点之间要准确连接，确认线条各端点与格点重合。
- 不使用尺子，画出直线吧。

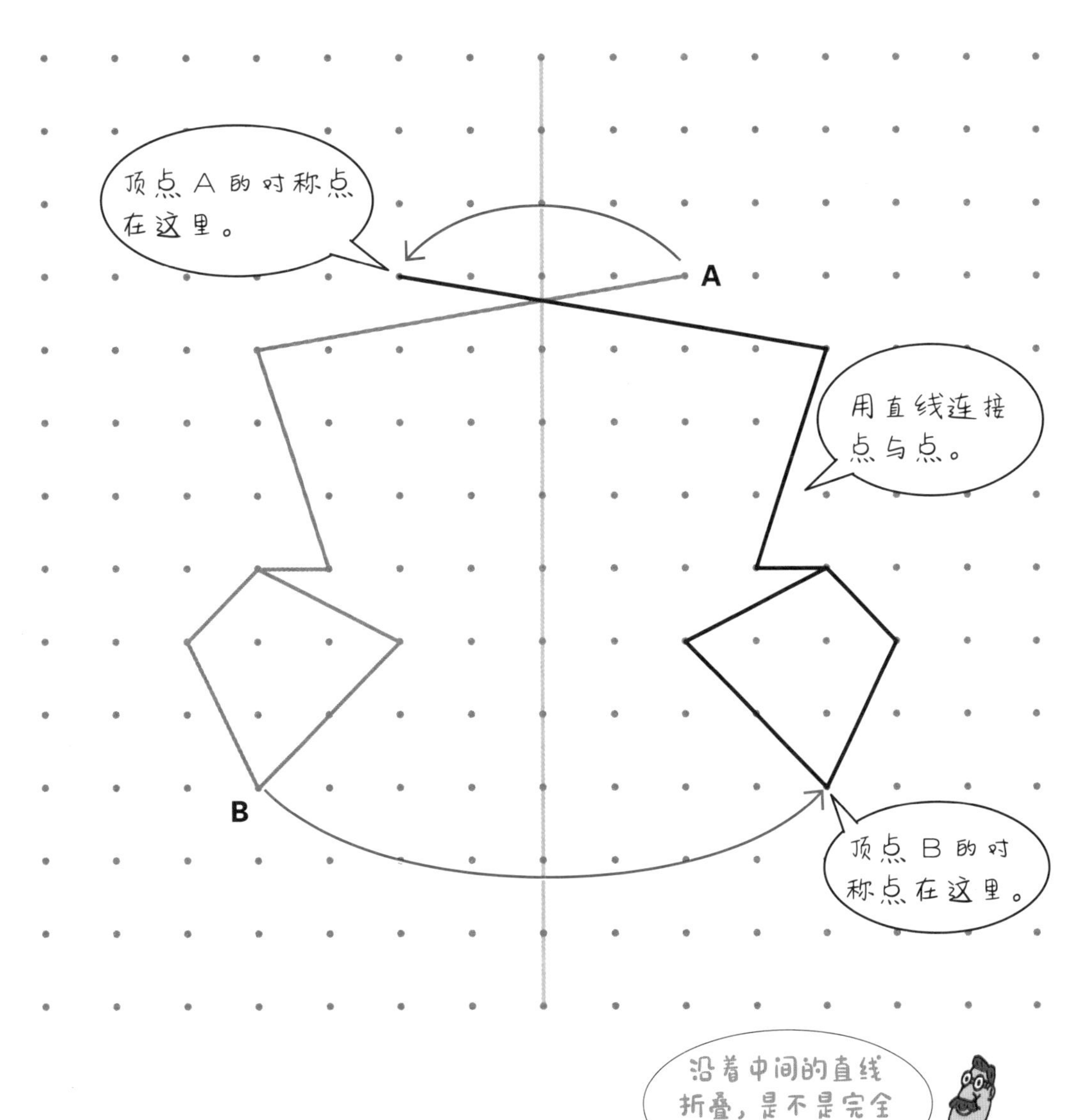

初级篇

请进行补充绘制，使之形成轴对称图形或轴对称关系。

→答案在第 84 页

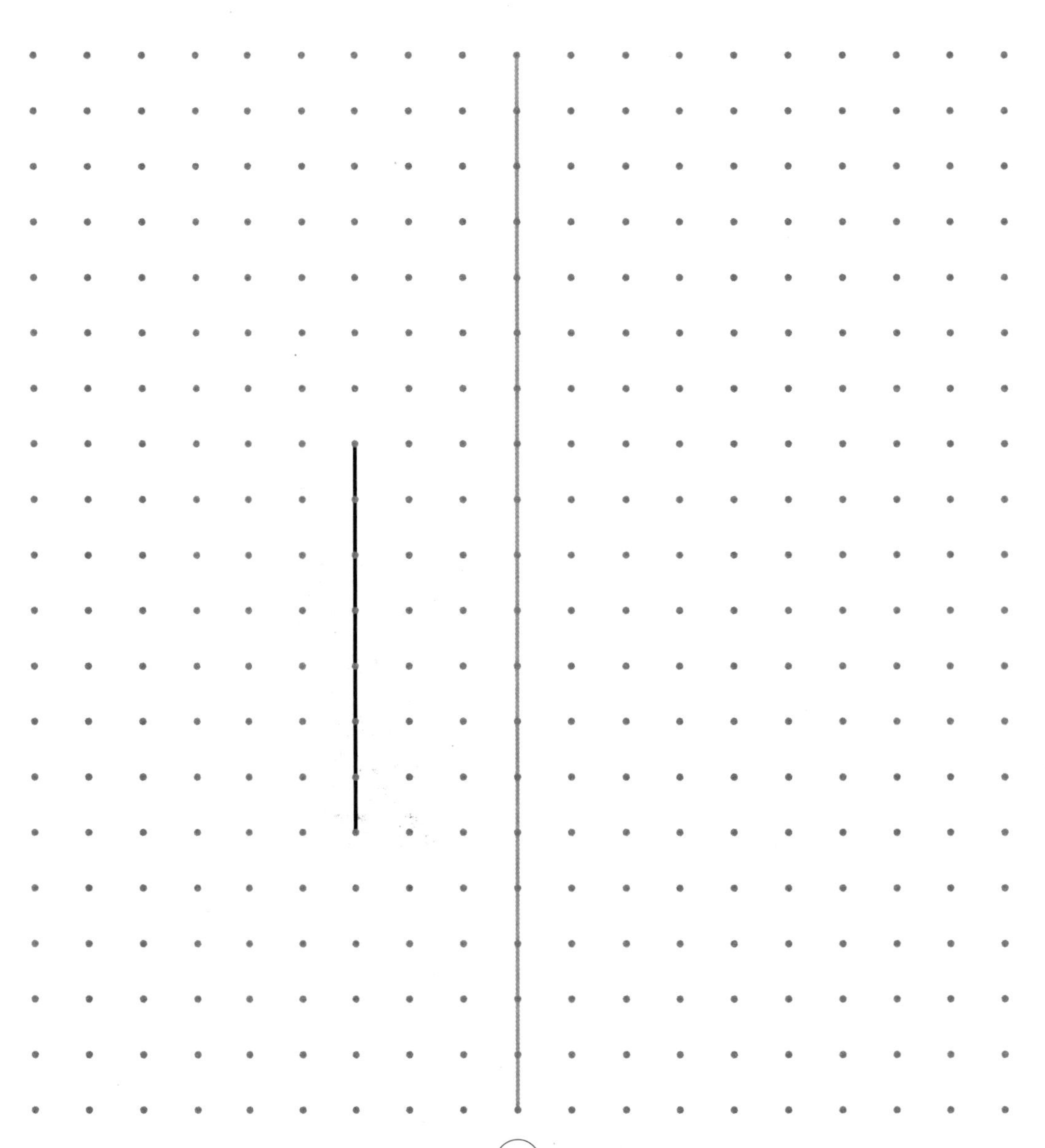

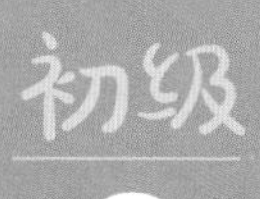

请进行补充绘制，使之形成轴对称图形或轴对称关系。

→答案在第 84 页

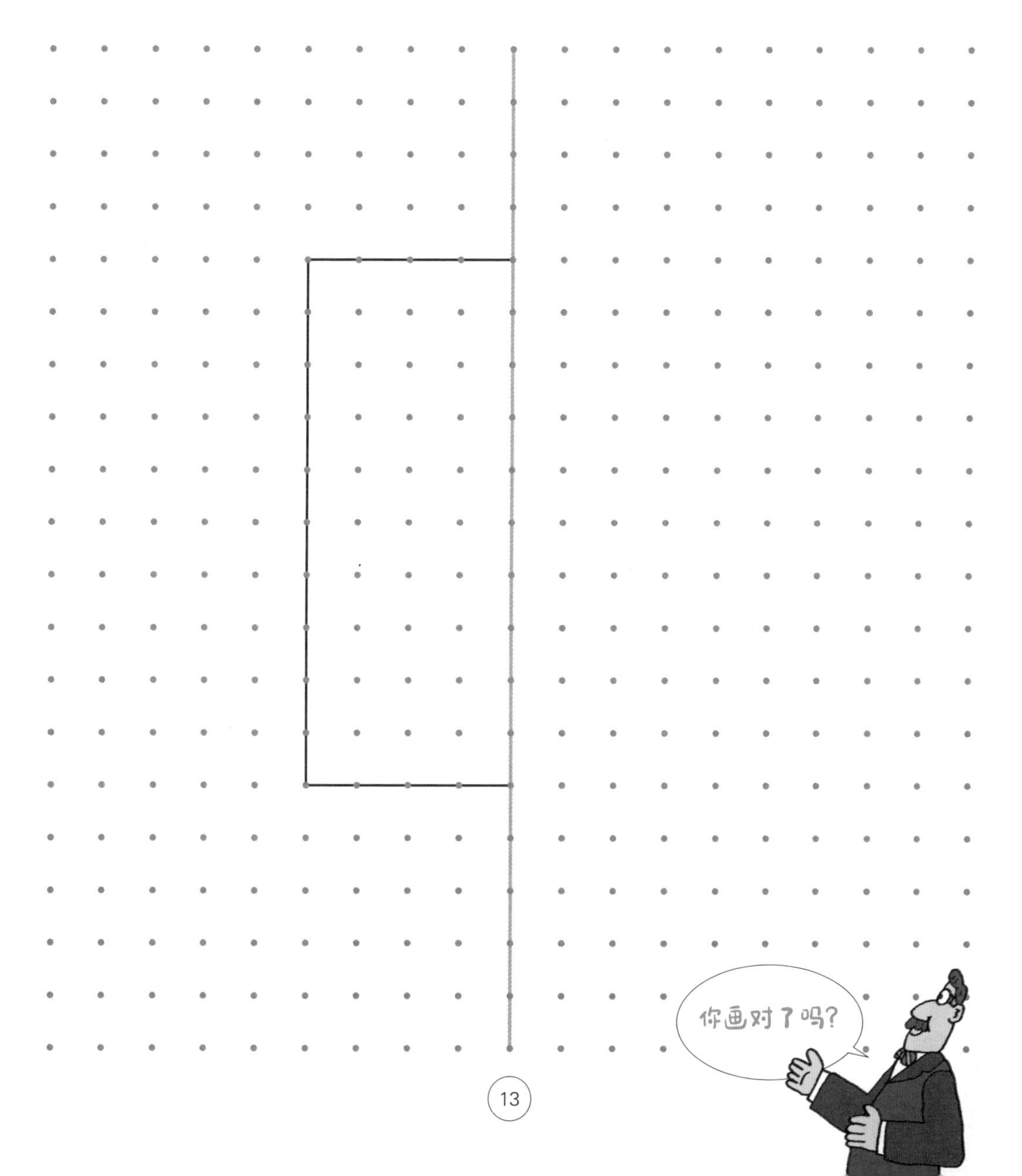

请进行补充绘制，使之形成轴对称图形或轴对称关系。

→答案在第 84 页

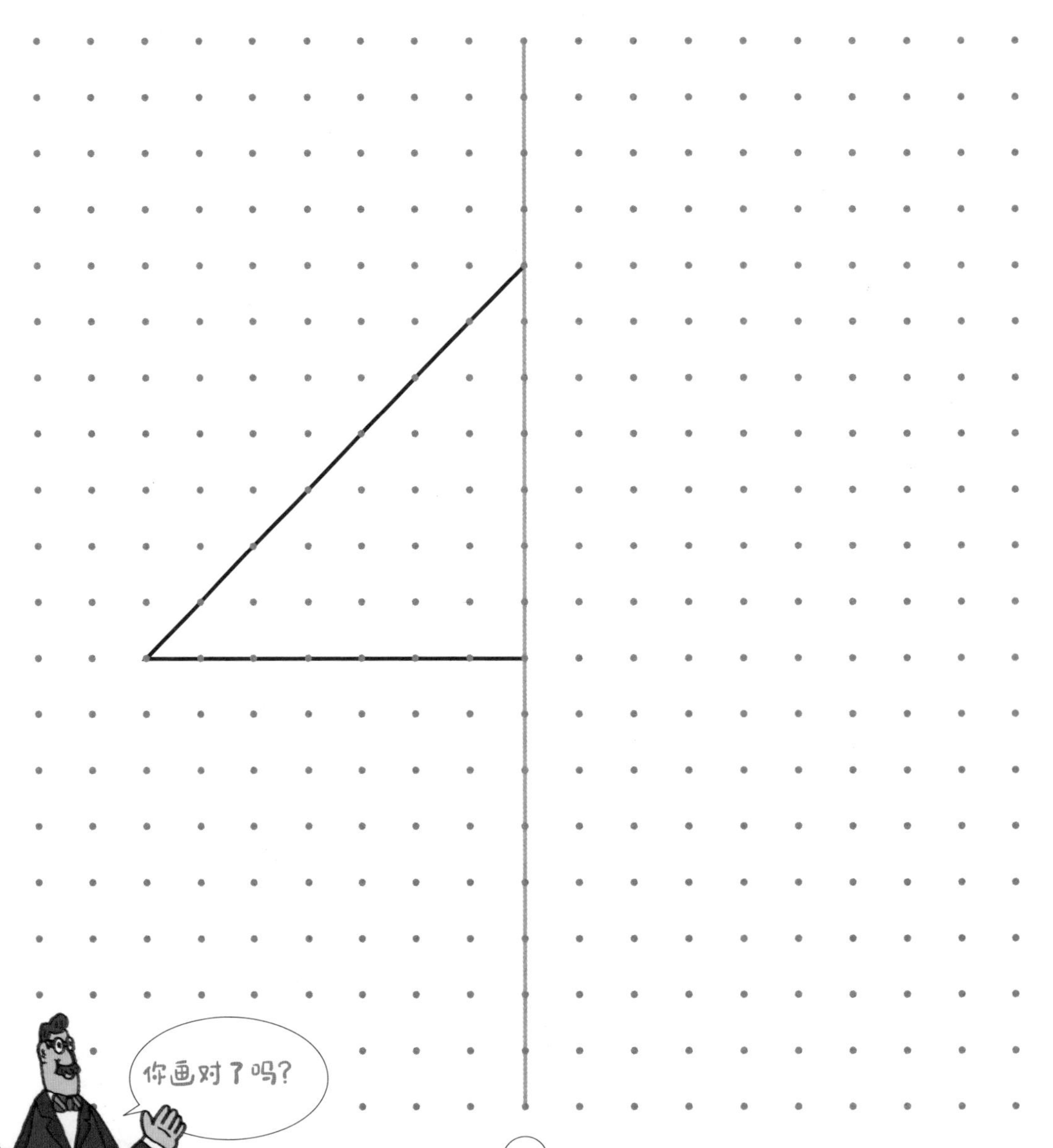

请进行补充绘制，使之形成轴对称图形或轴对称关系。

→答案在第 84 页

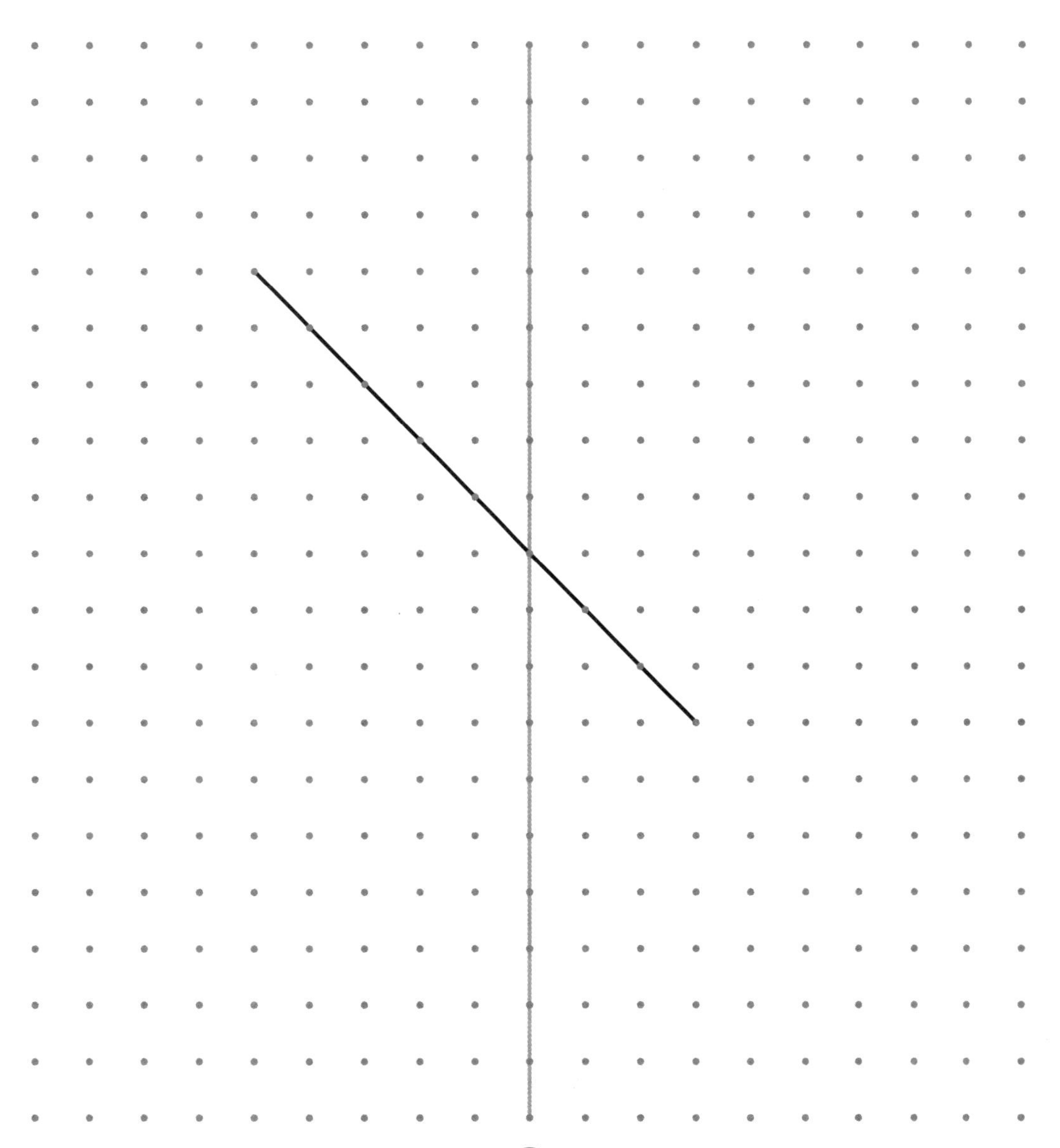

初级
5

请进行补充绘制，使之形成轴对称图形或轴对称关系。

→答案在第 85 页

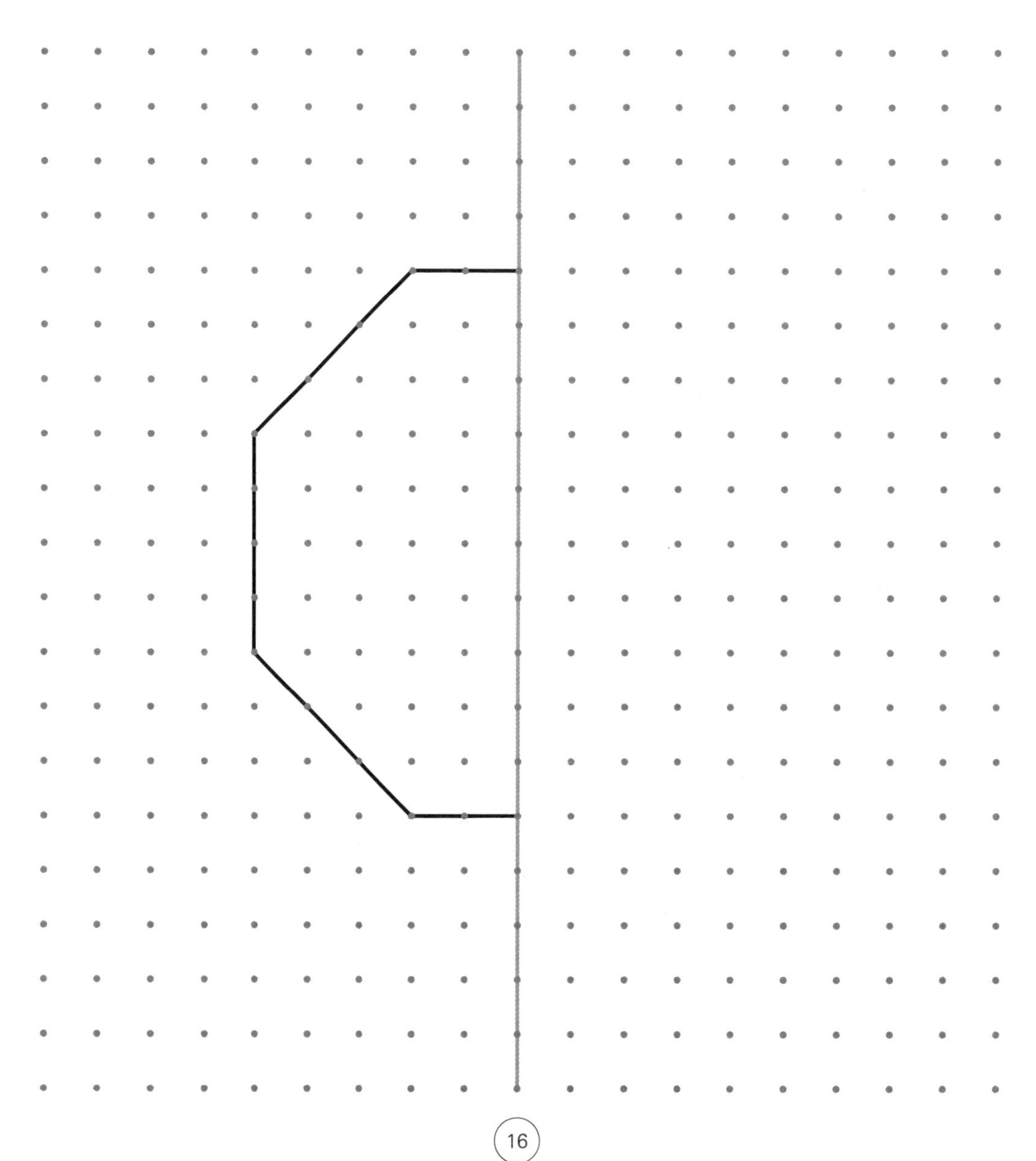

请进行补充绘制，使之形成轴对称图形或轴对称关系。

→答案在第 85 页

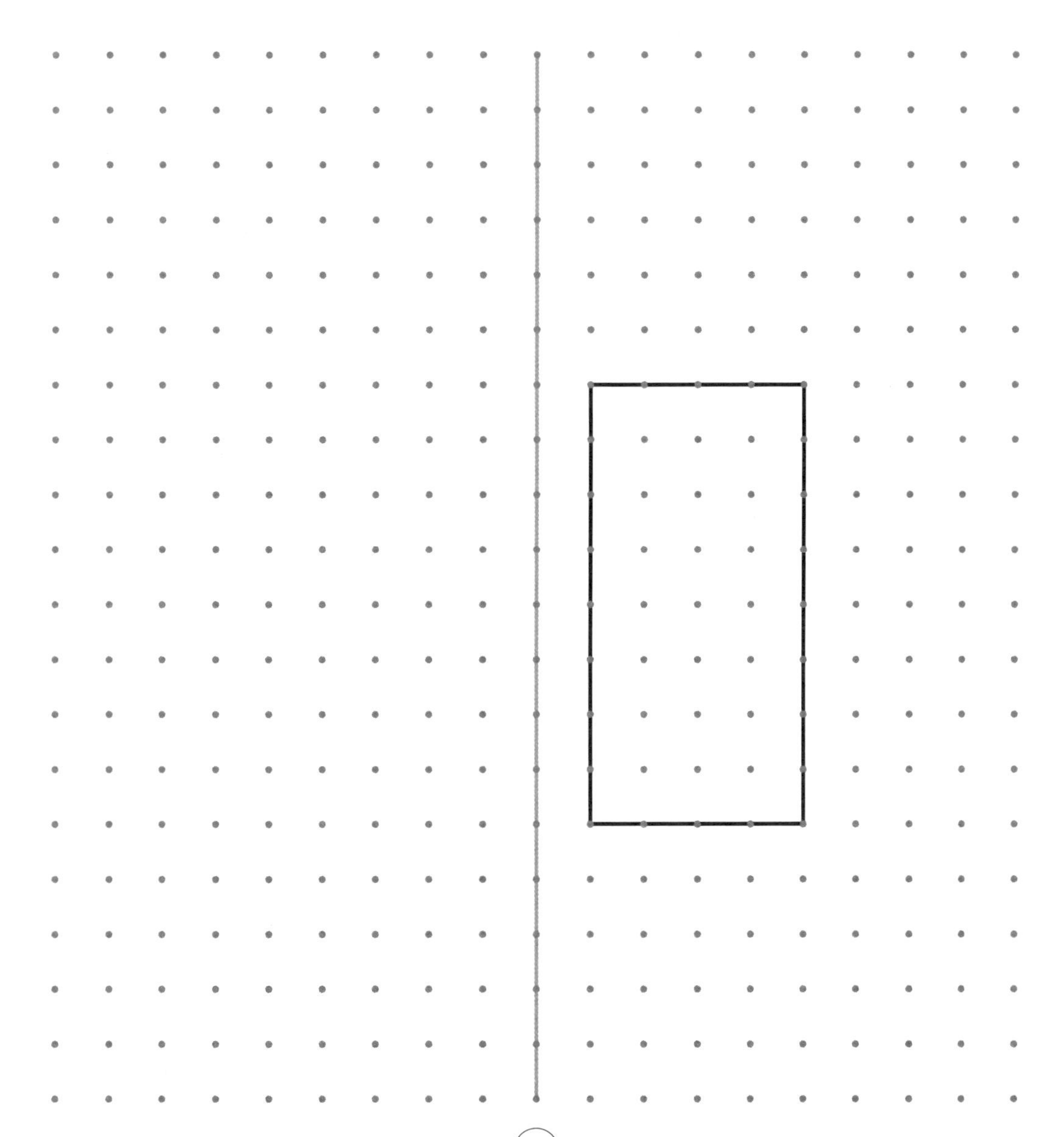

请进行补充绘制，使之形成轴对称图形或轴对称关系。

→答案在第 85 页

请进行补充绘制，使之形成轴对称图形或轴对称关系。

→答案在第 85 页

请进行补充绘制，使之形成轴对称图形或轴对称关系。

→答案在第 86 页

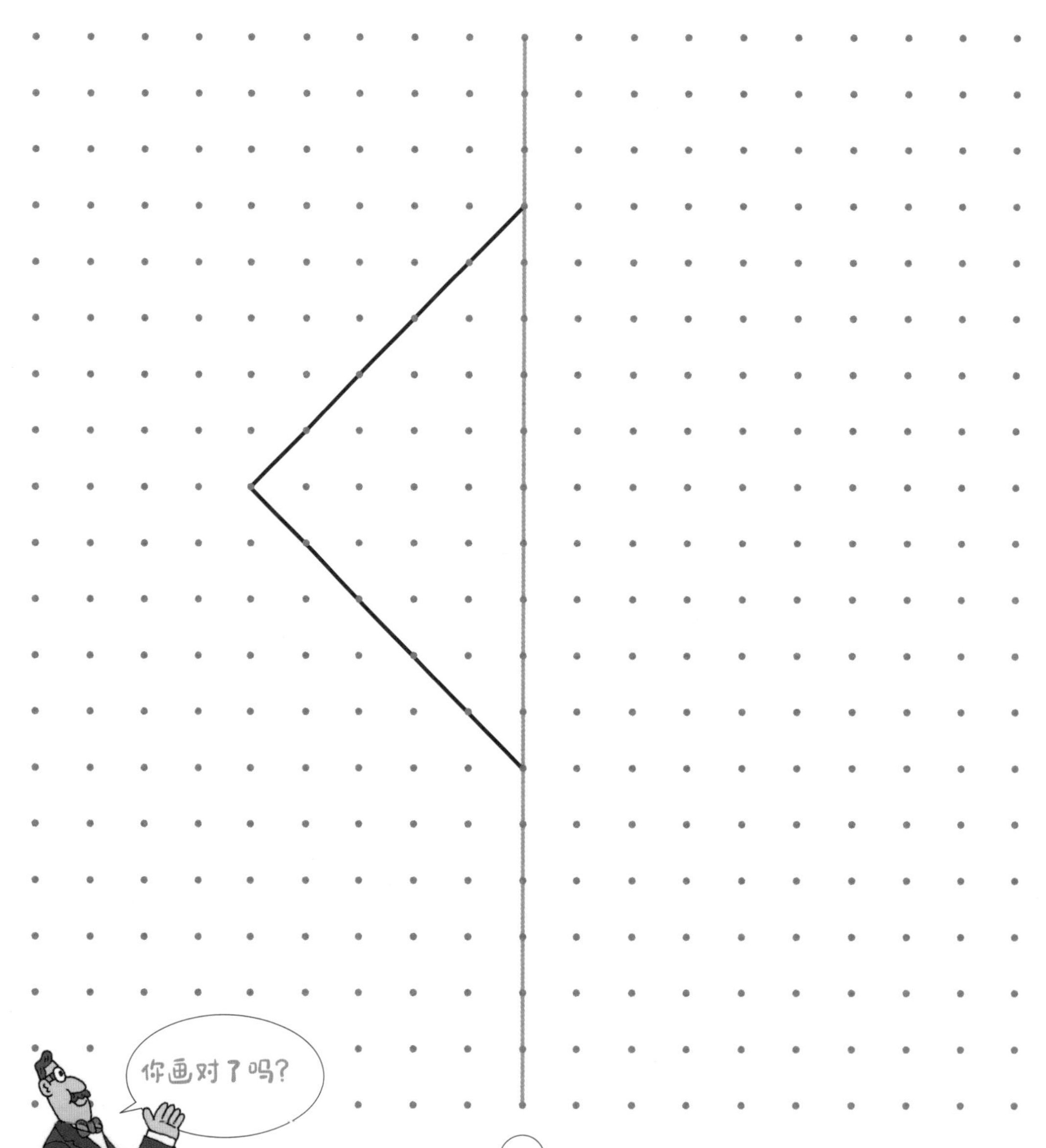

初级

10

请进行补充绘制，使之形成轴对称图形或轴对称关系。

→答案在第 86 页

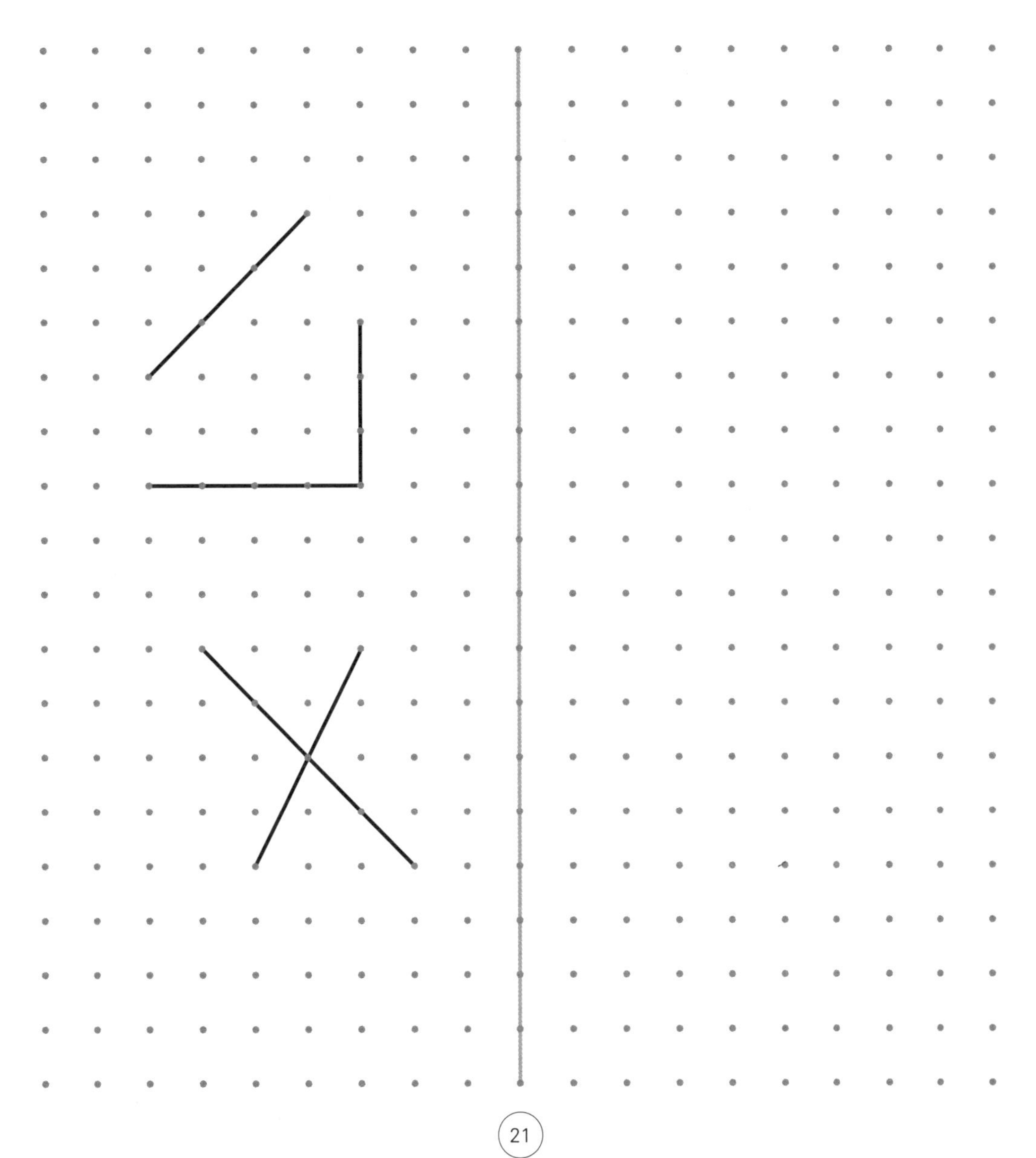

请进行补充绘制，使之形成轴对称图形或轴对称关系。

→答案在第 87 页

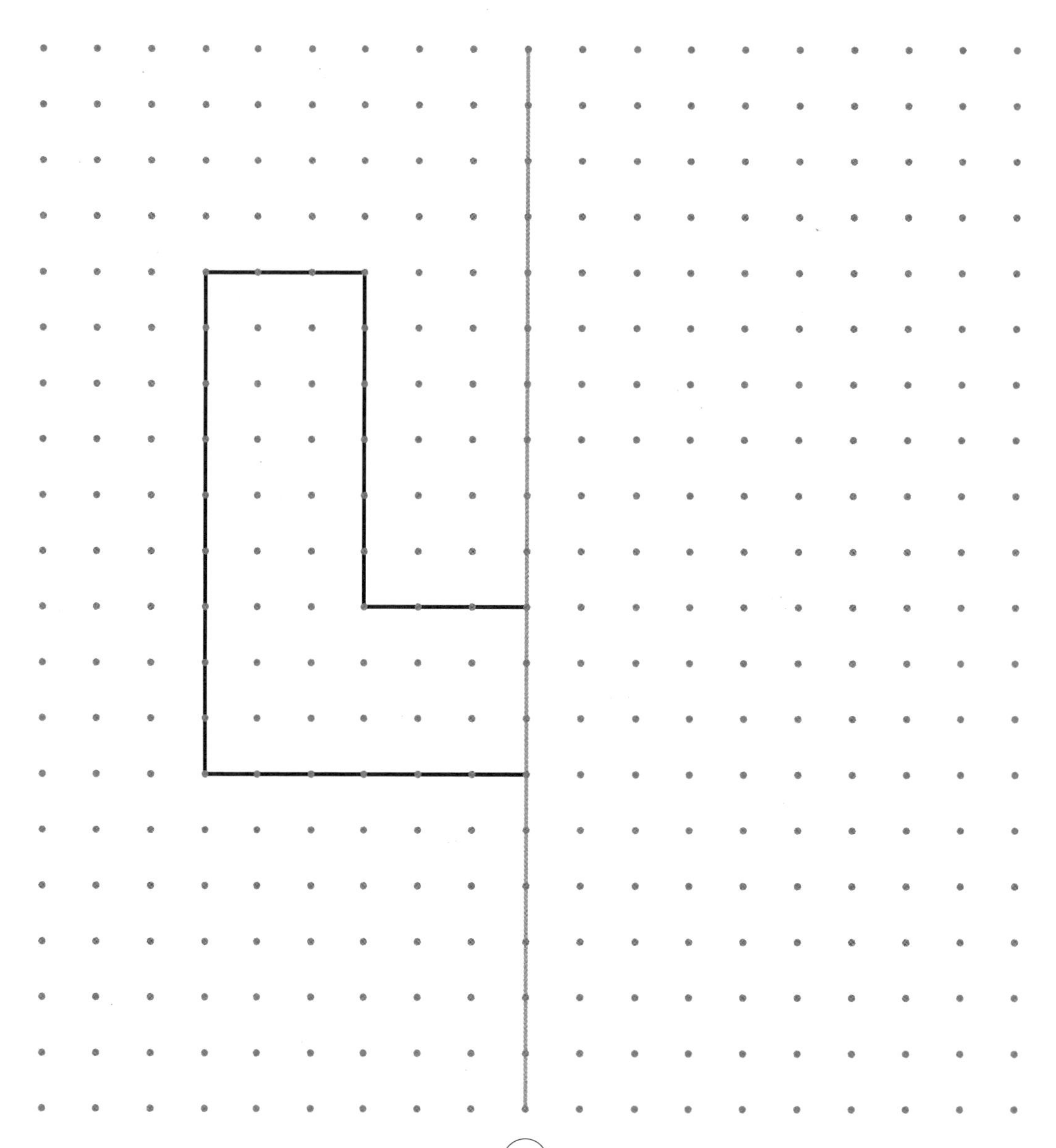

初级
12

请进行补充绘制，使之形成轴对称图形或轴对称关系。

→答案在第 87 页

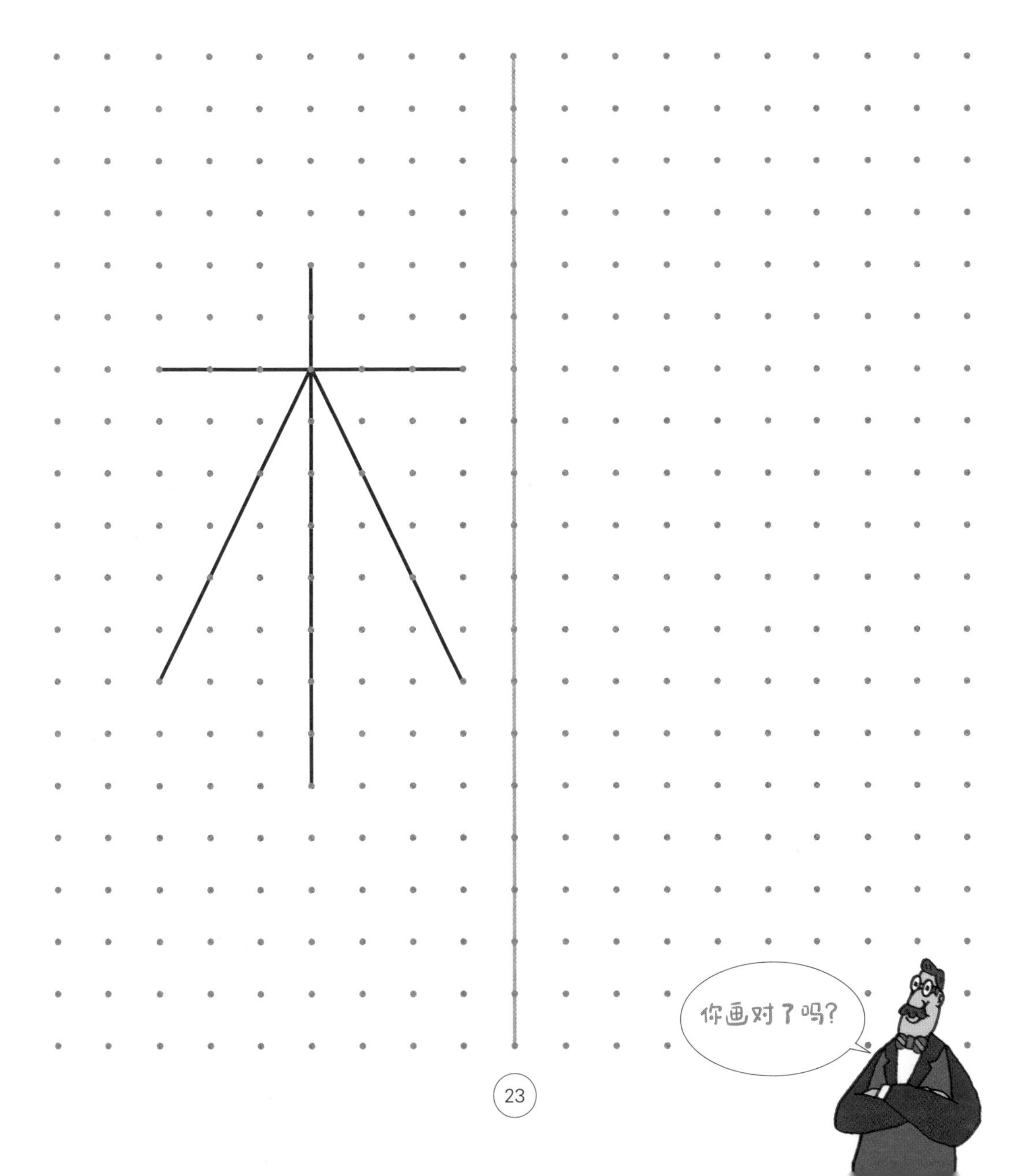

初级

13

请进行补充绘制，使之形成轴对称图形或轴对称关系。

→答案在第 88 页

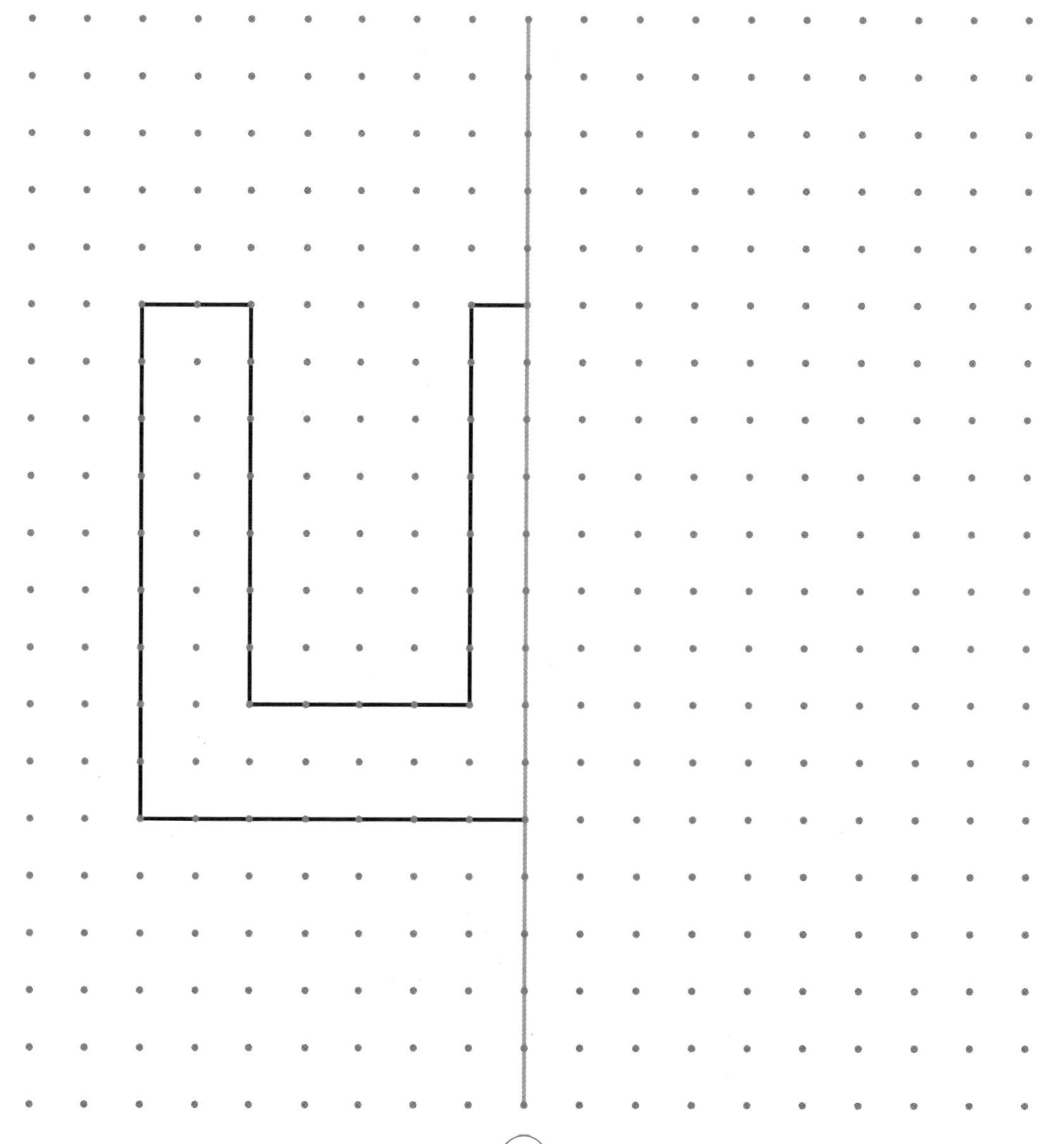

请进行补充绘制，使之形成轴对称图形或轴对称关系。

→答案在第 88 页

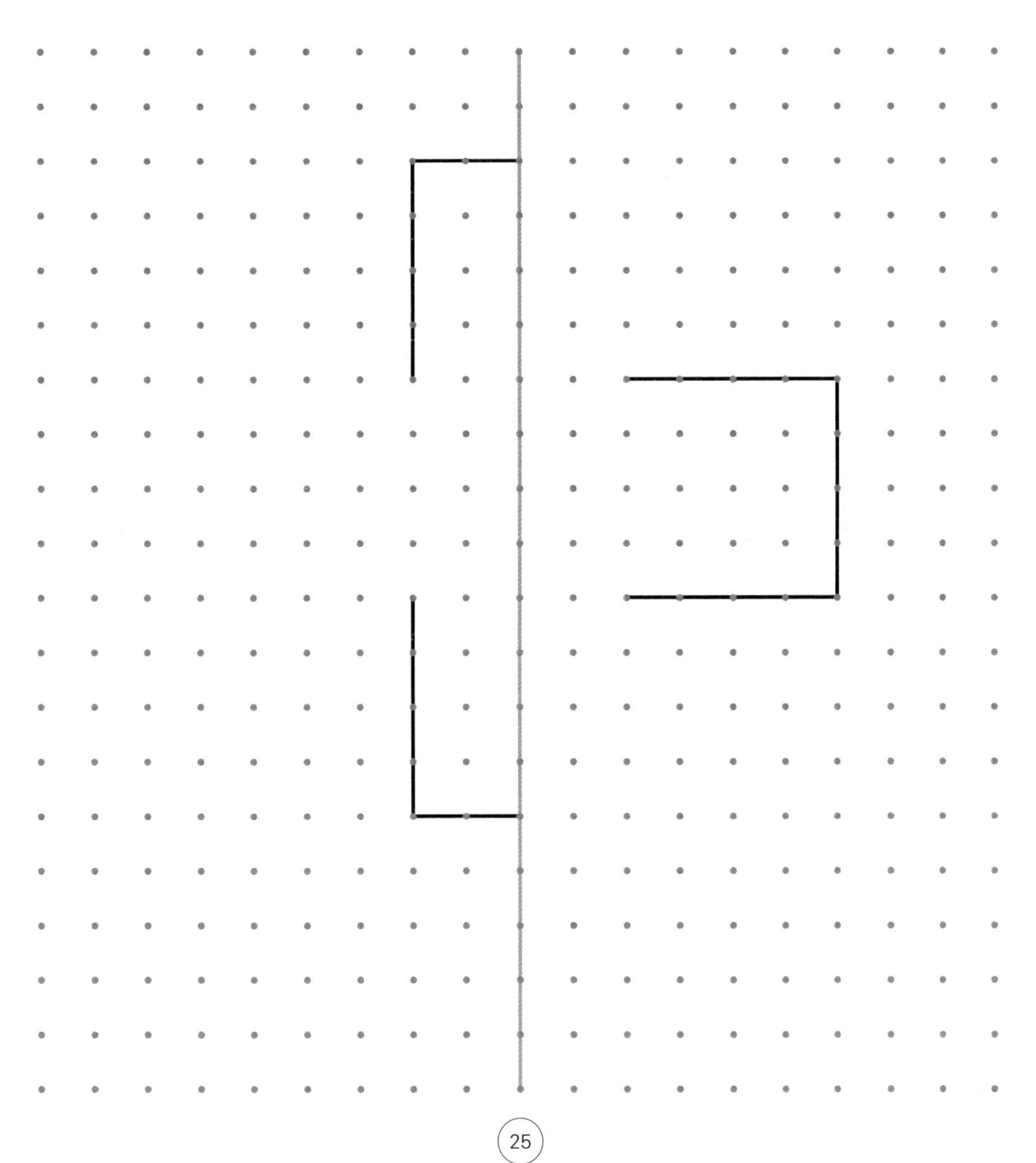

初级 15

请进行补充绘制，使之形成轴对称图形或轴对称关系。

→答案在第 89 页

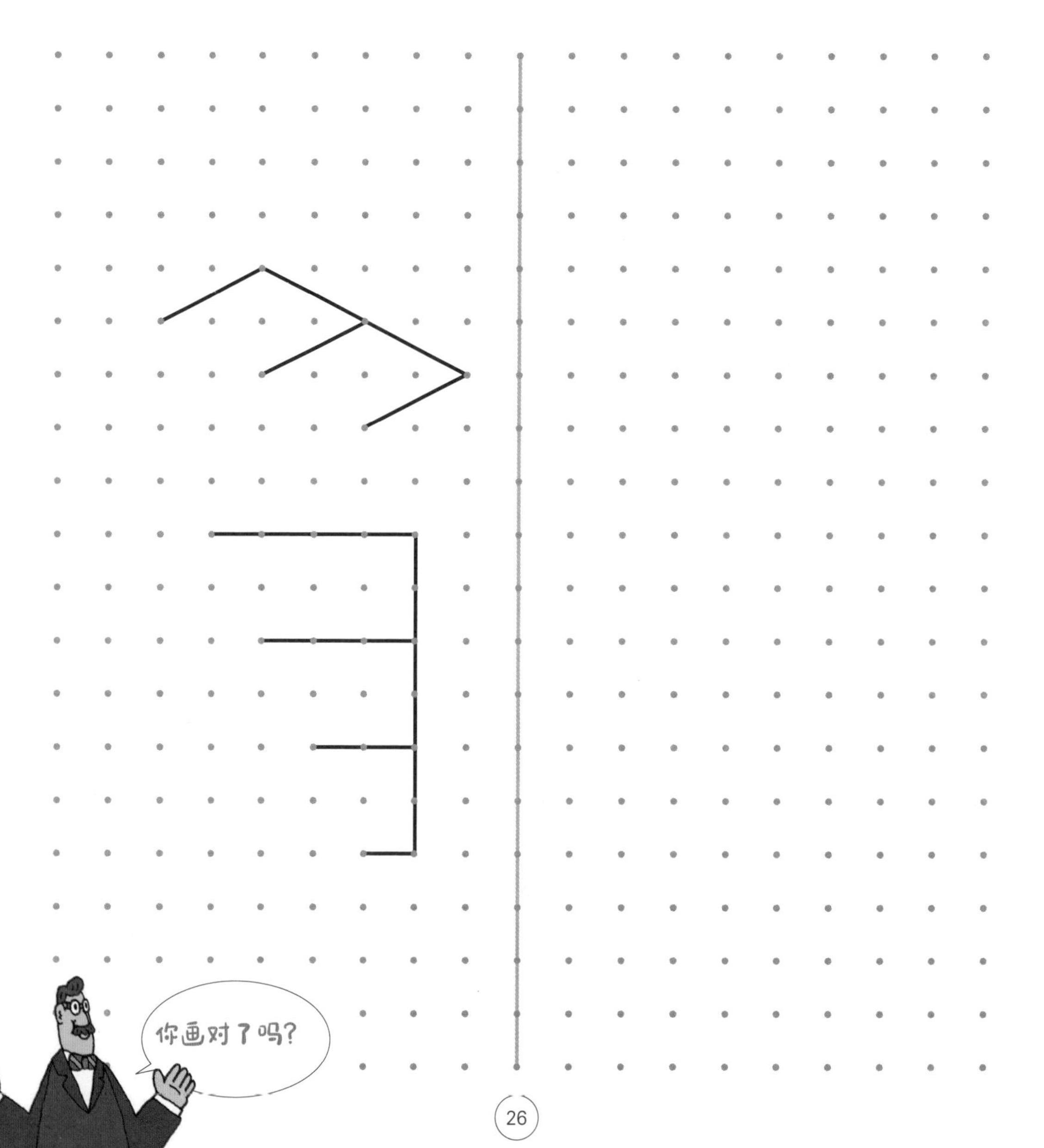

请进行补充绘制，使之形成轴对称图形或轴对称关系。

→答案在第 89 页

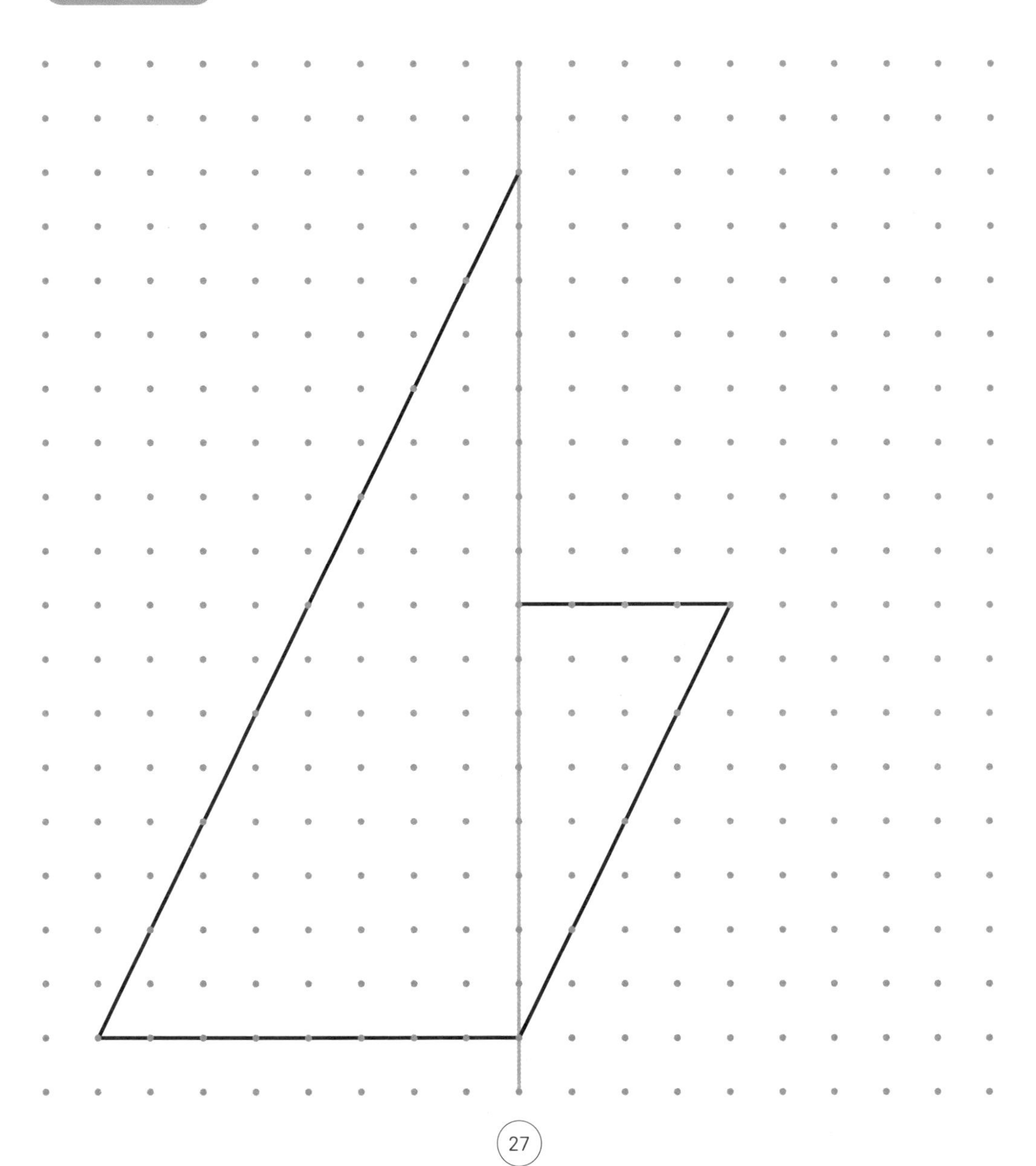

请进行补充绘制，使之形成轴对称图形或轴对称关系。

→答案在第 90 页

请进行补充绘制，使之形成轴对称图形或轴对称关系。

→答案在第 90 页

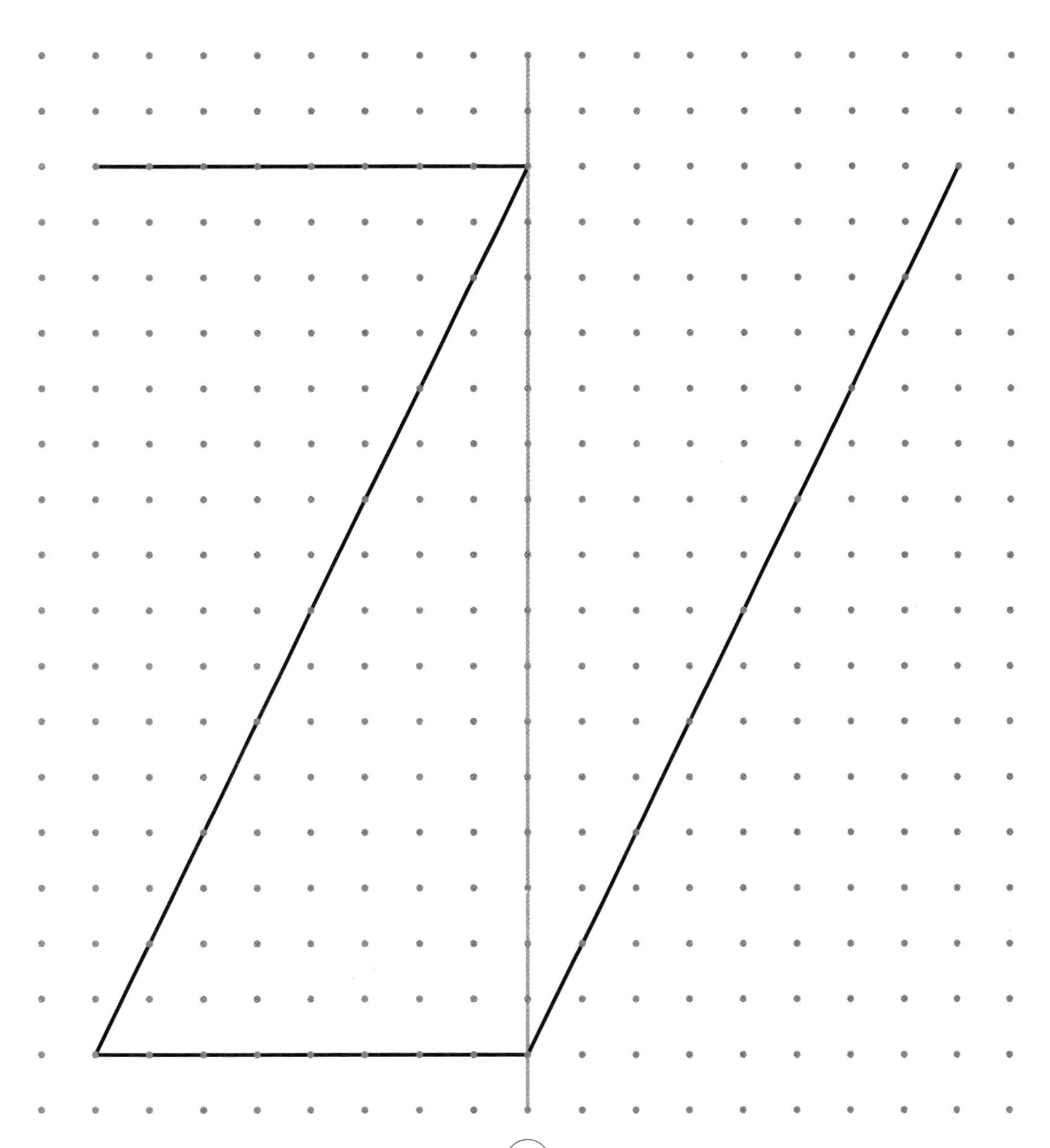

请进行补充绘制，使之形成轴对称图形或轴对称关系。

→答案在第 91 页

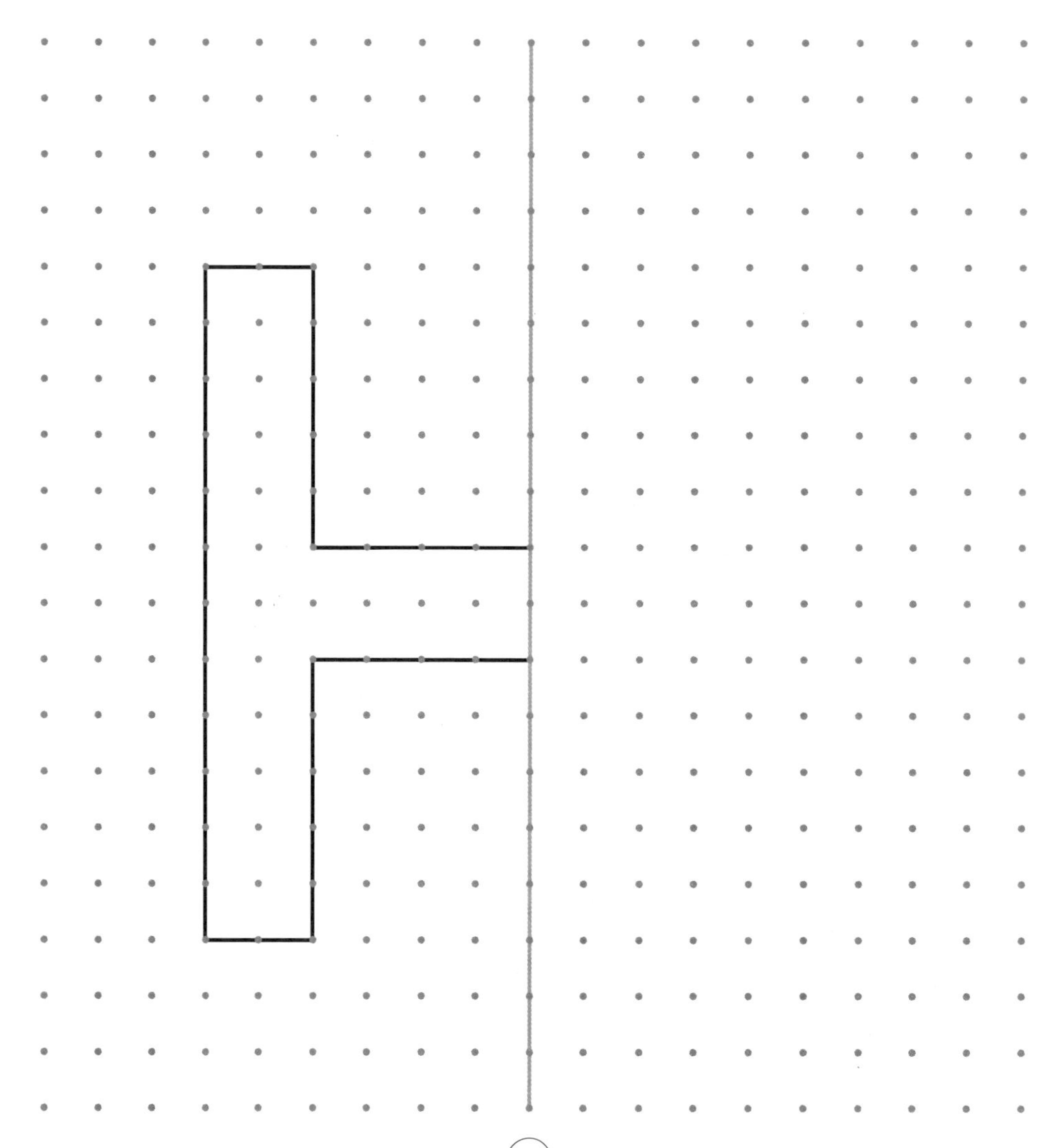

初级
20

请进行补充绘制，使之形成轴对称图形或轴对称关系。

→答案在第 91 页

请进行补充绘制，使之形成轴对称图形或轴对称关系。

→答案在第 92 页

初级
22

请进行补充绘制，使之形成轴对称图形或轴对称关系。

→答案在第 92 页

请进行补充绘制，使之形成轴对称图形或轴对称关系。

→答案在第 93 页

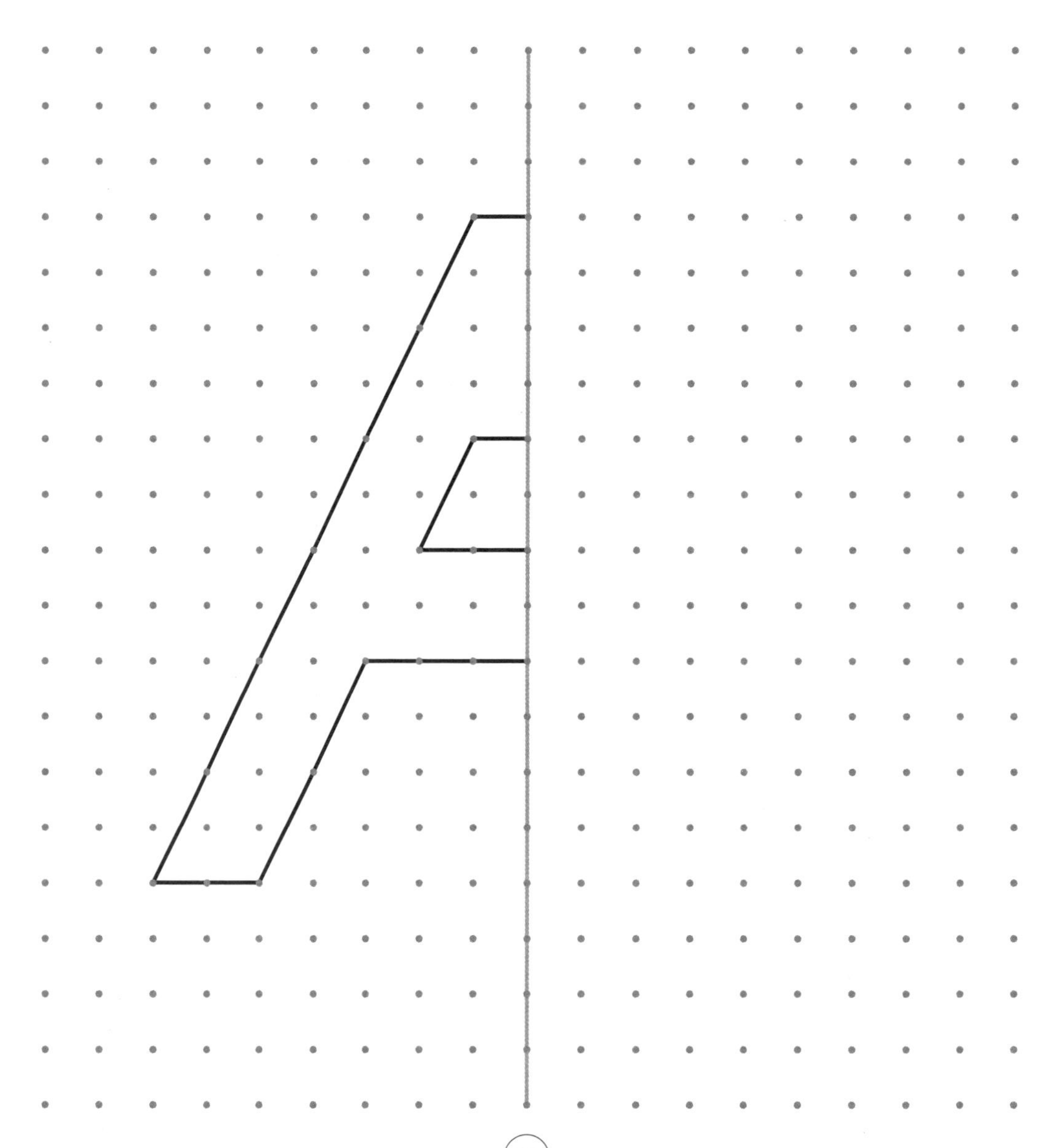

初级

24

请进行补充绘制，使之形成轴对称图形或轴对称关系。

→答案在第 93 页

中级篇
诀窍是先找到顶点关于对称轴的对称点。

请进行补充绘制，使之形成轴对称图形或轴对称关系。

→答案在第 94 页

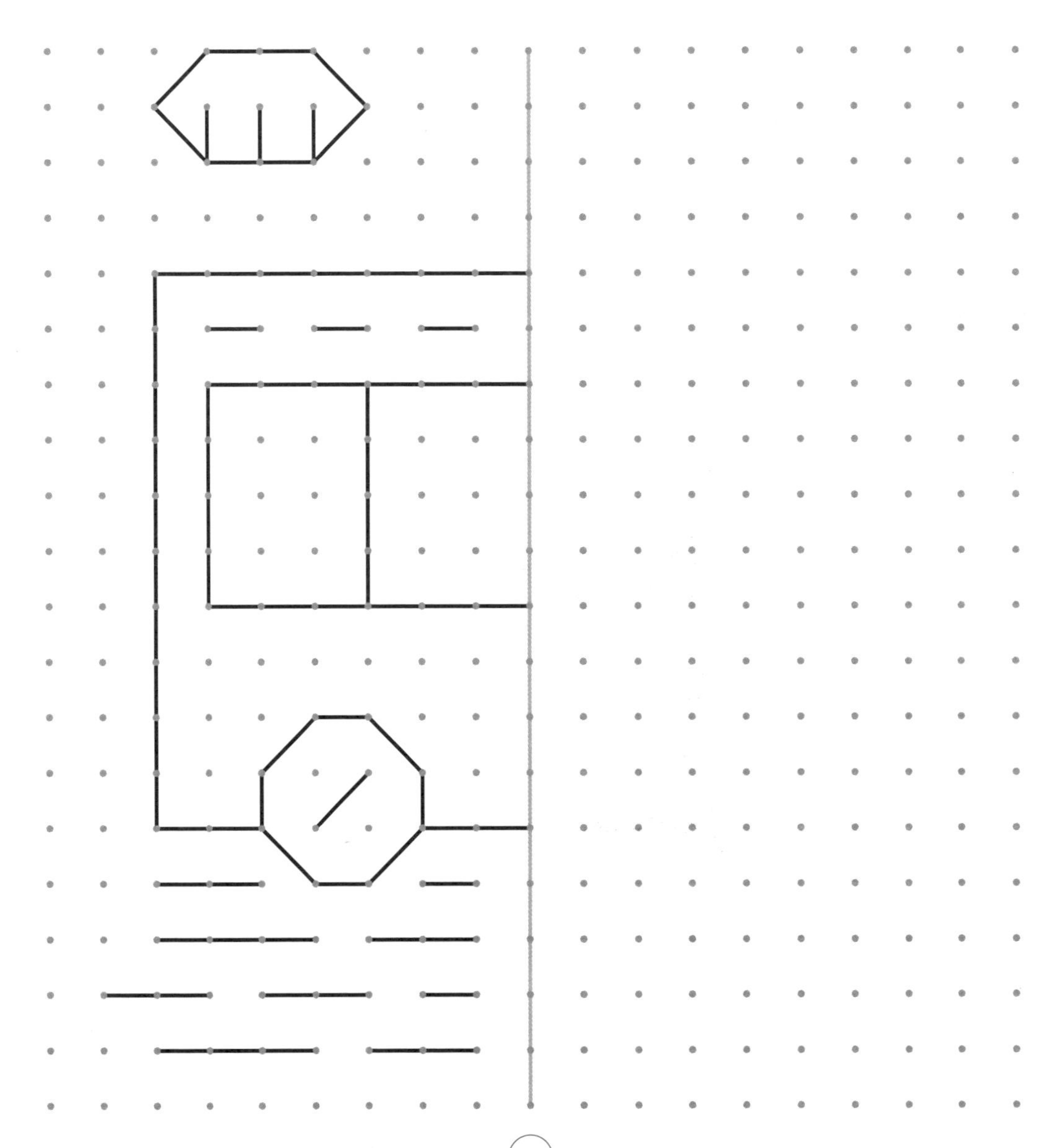

请进行补充绘制，使之形成轴对称图形或轴对称关系。

→答案在第 94 页

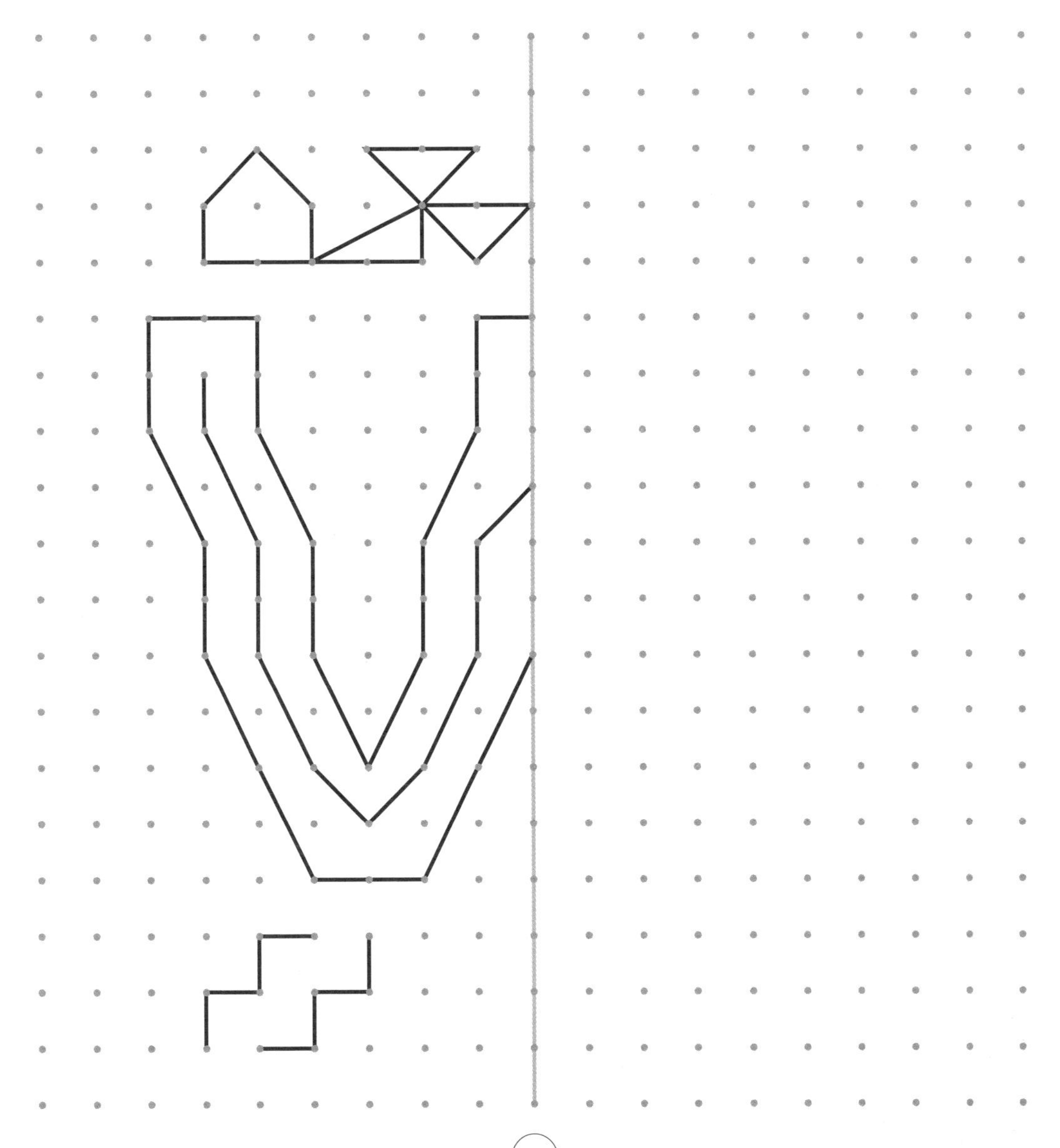

中级
3

请进行补充绘制，使之形成轴对称图形或轴对称关系。

→答案在第 95 页

请进行补充绘制，使之形成轴对称图形或轴对称关系。

→答案在第 95 页

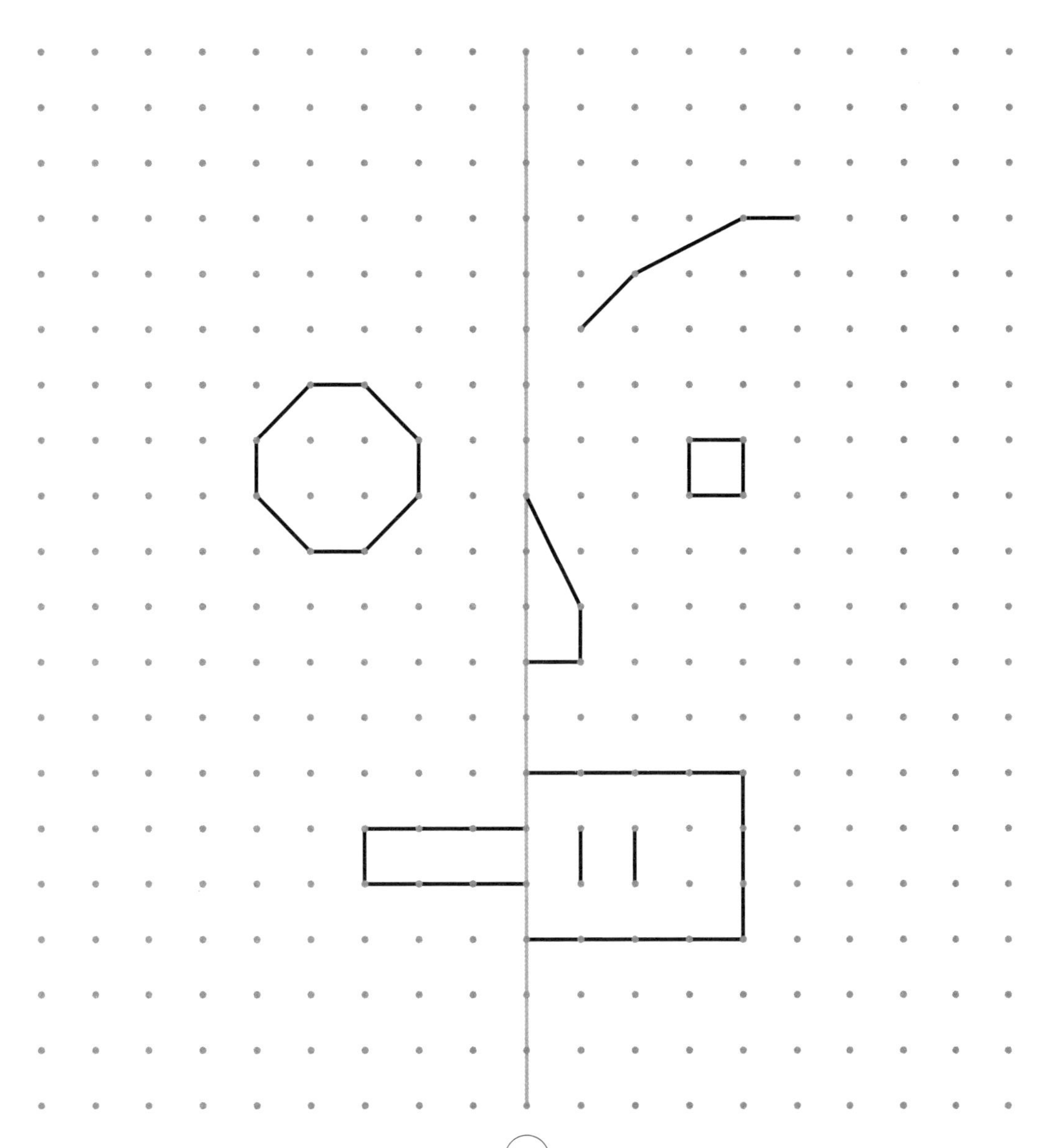

请进行补充绘制，使之形成轴对称图形或轴对称关系。

→答案在第 96 页

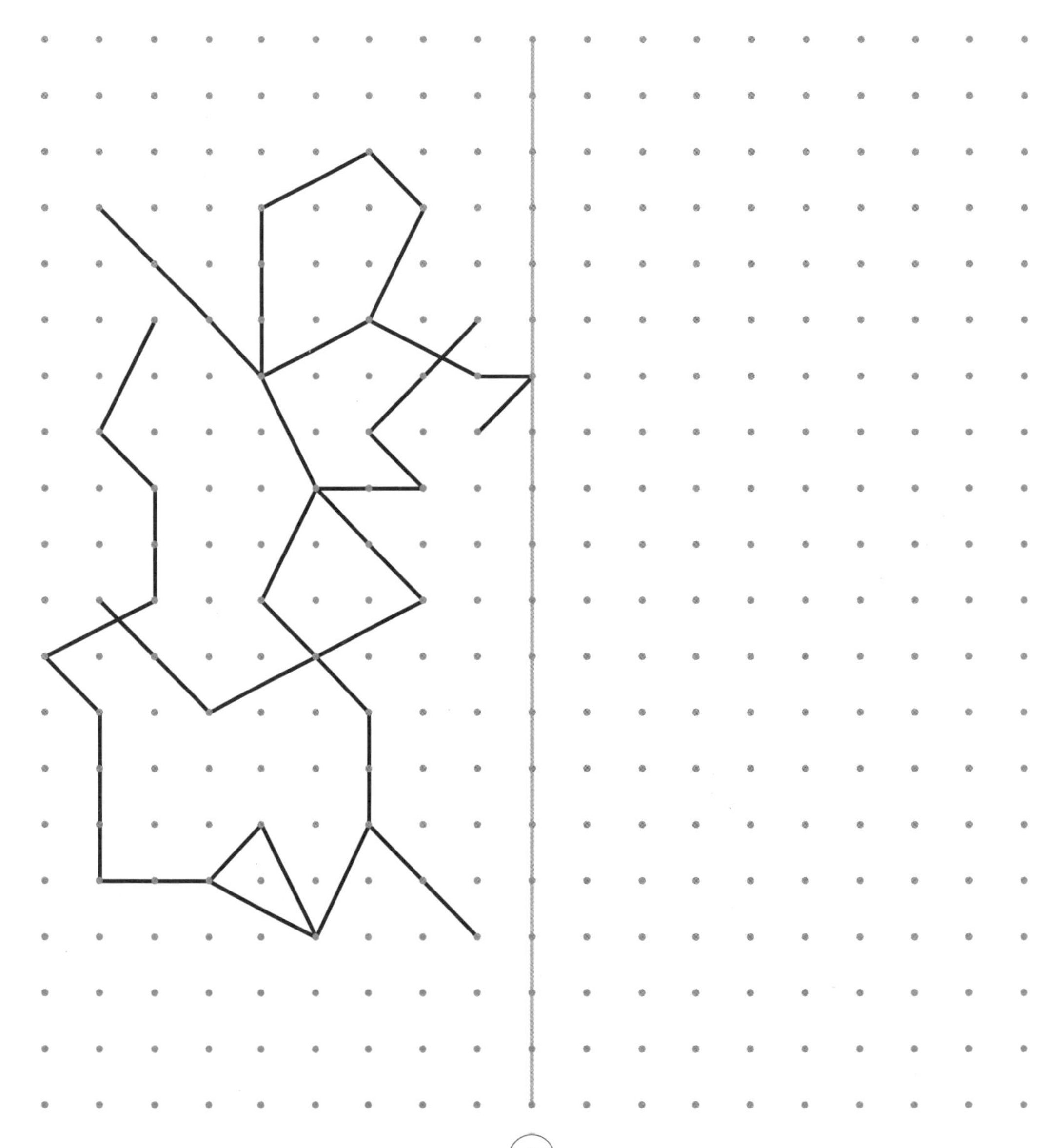

请进行补充绘制，使之形成轴对称图形或轴对称关系。

→答案在第 96 页

请进行补充绘制，使之形成轴对称图形或轴对称关系。

→答案在第 97 页

请进行补充绘制，使之形成轴对称图形或轴对称关系。

→答案在第 97 页

请进行补充绘制，使之形成轴对称图形或轴对称关系。

→答案在第 98 页

中级
10

请进行补充绘制，使之形成轴对称图形或轴对称关系。

→答案在第 98 页

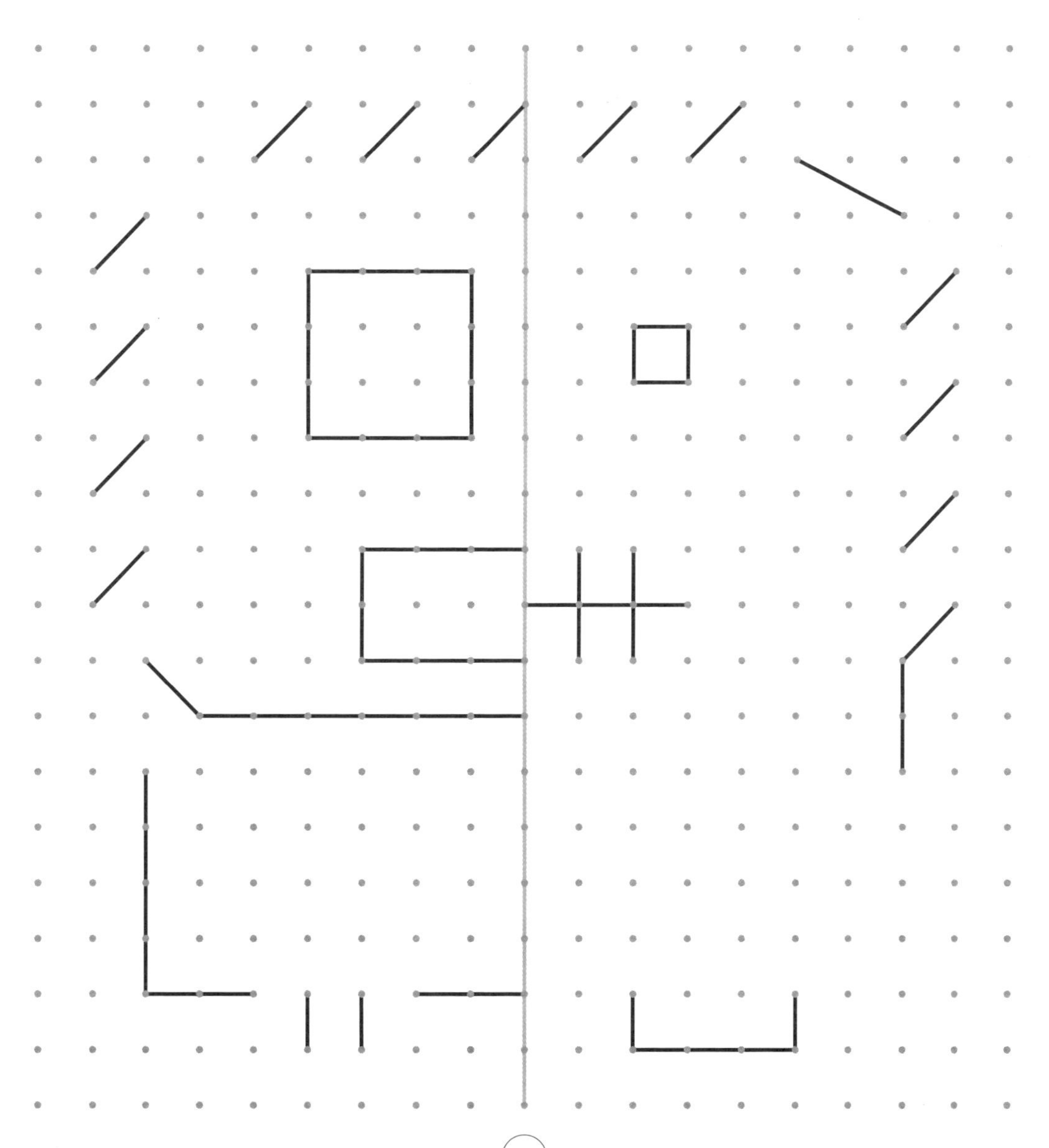

高级篇

高级 1

请进行补充绘制，使之形成轴对称图形或轴对称关系。

→答案在第 99 页

高级 2

请进行补充绘制，使之形成轴对称图形或轴对称关系。

→答案在第 99 页

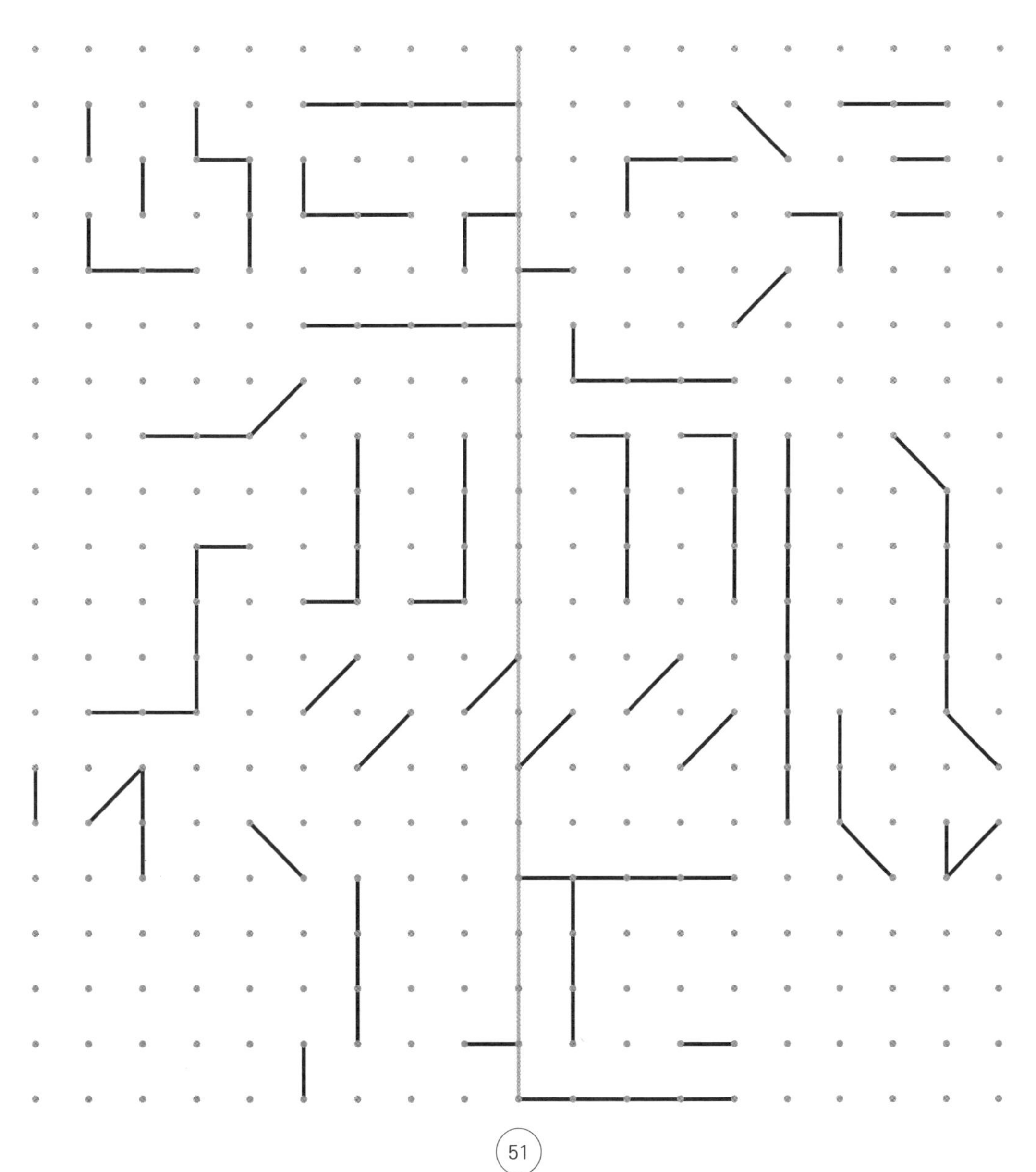

请进行补充绘制，使之形成轴对称图形或轴对称关系。

→答案在第 100 页

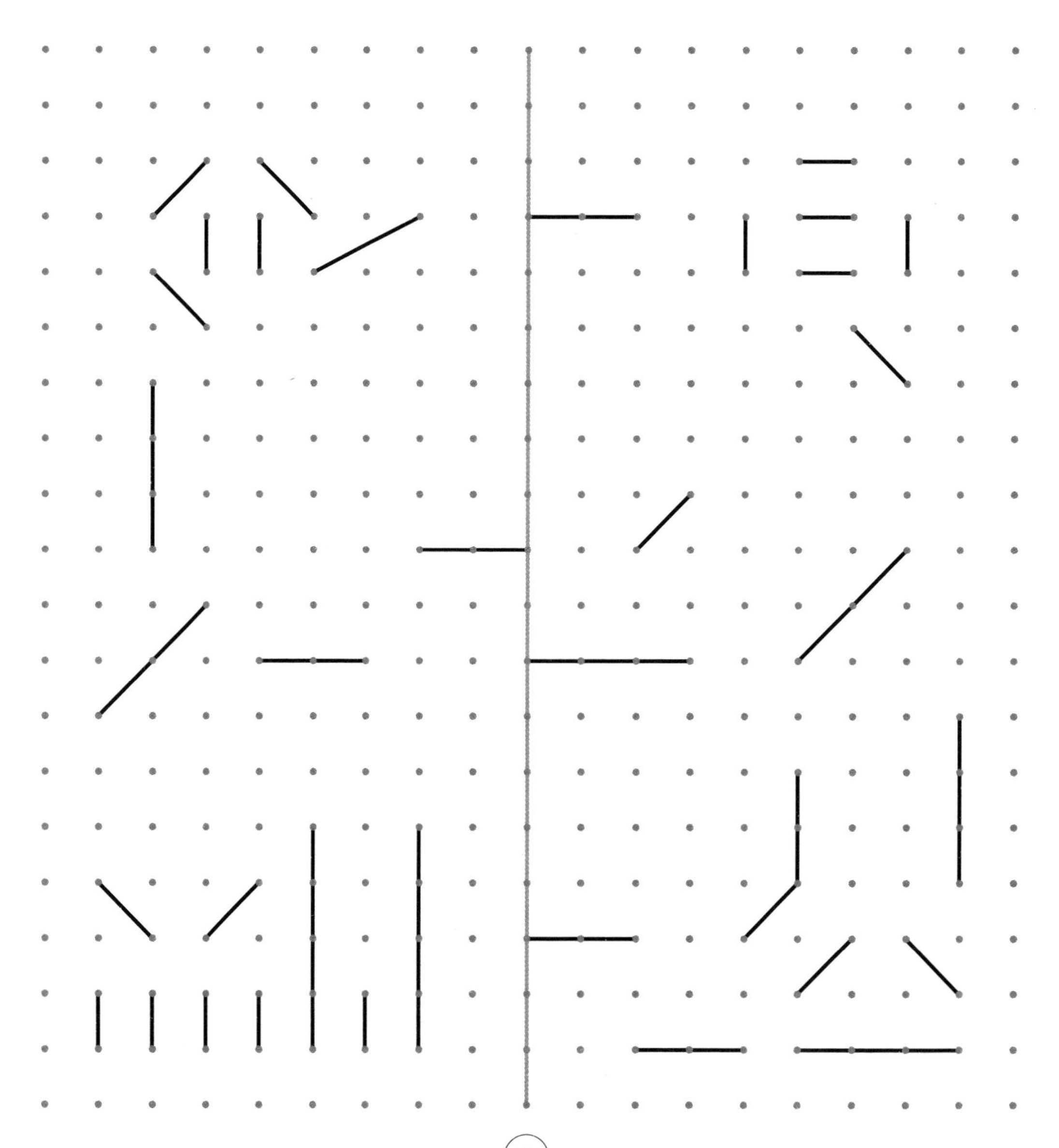

高级
4

请进行补充绘制，使之形成轴对称图形或轴对称关系。

→答案在第 100 页

高级 5

请进行补充绘制，使之形成轴对称图形或轴对称关系。

→答案在第 101 页

高级 6

请进行补充绘制，使之形成轴对称图形或轴对称关系。

→答案在第 101 页

高级 7

请进行补充绘制，使之形成轴对称图形或轴对称关系。

→答案在第 102 页

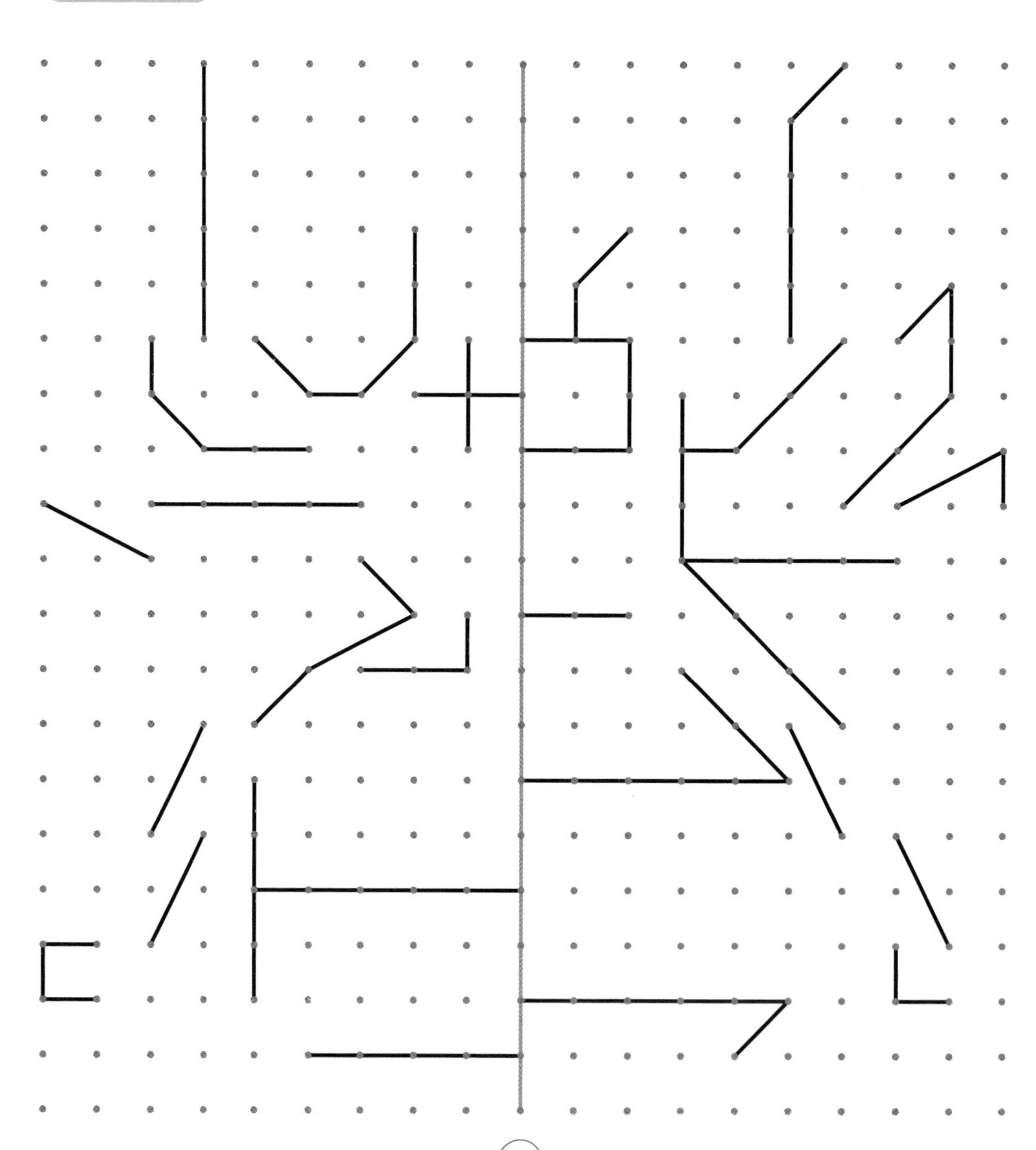

高级 8

请进行补充绘制，使之形成轴对称图形或轴对称关系。

→答案在第 102 页

高级 9

请进行补充绘制，使之形成轴对称图形或轴对称关系。

→答案在第 103 页

高级 10

请进行补充绘制，使之形成轴对称图形或轴对称关系。

→答案在第 103 页

天才篇
初中入学考试难度
级别的挑战！
向前冲呀！

在 A 地有一只小狗，它要先去河边喝水，然后再去 B 地的狗屋。请画出小狗行动的最短路线。

→答案在第 104 页

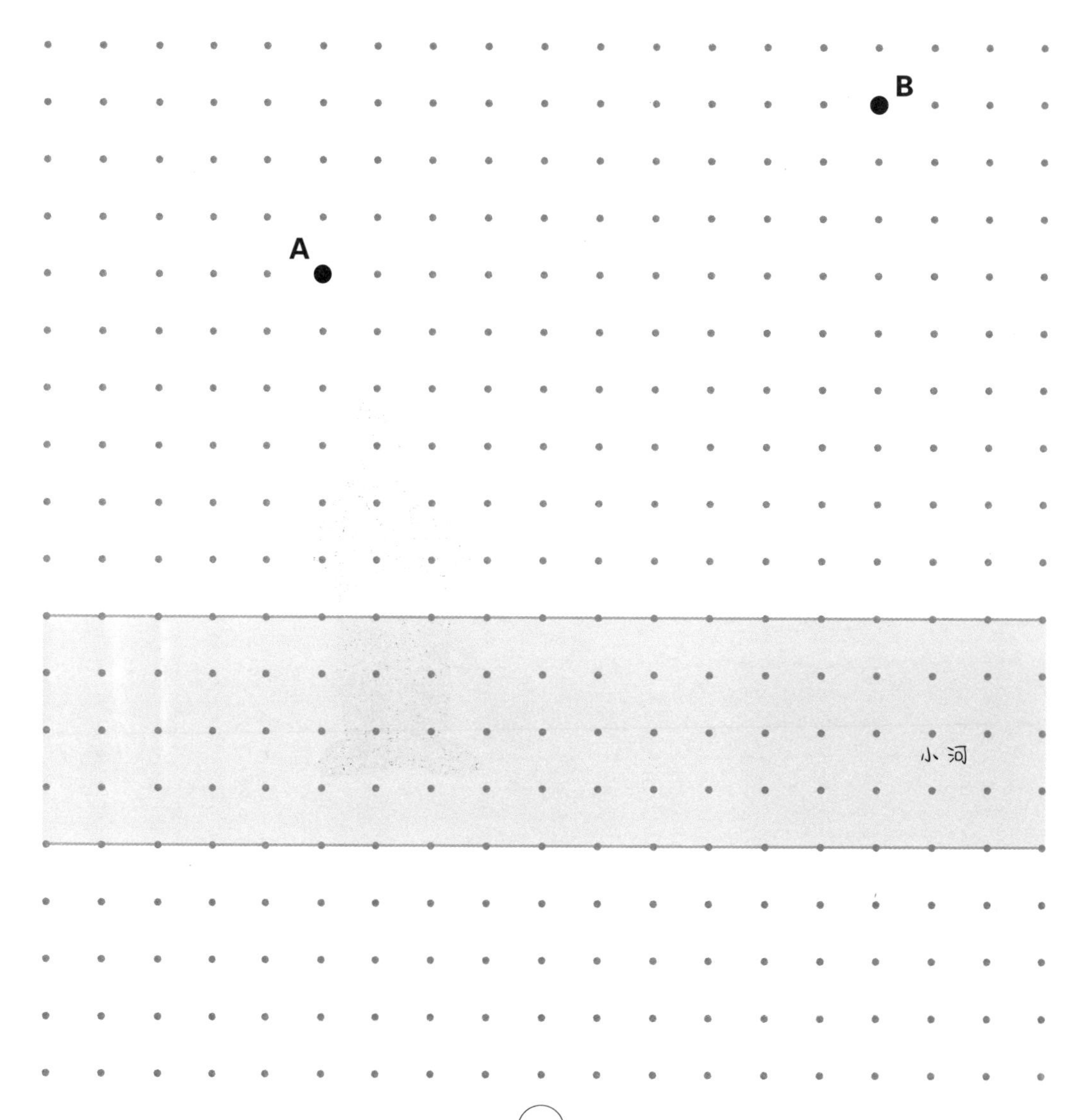

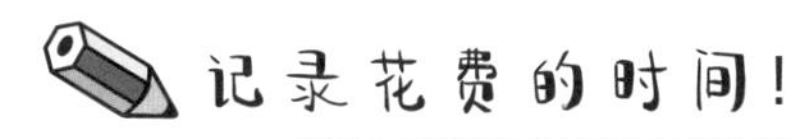

月　　日　　分　　秒

3分钟内完成 合格　2分钟内完成 天才

解答栏

B

A

小河

你画对了吗？

如下图所示，将一张边长为 16cm 的正方形剪纸进行折叠，然后剪下灰色部分。

请画出这张剪纸作品的展开图。

→答案在第 104 页

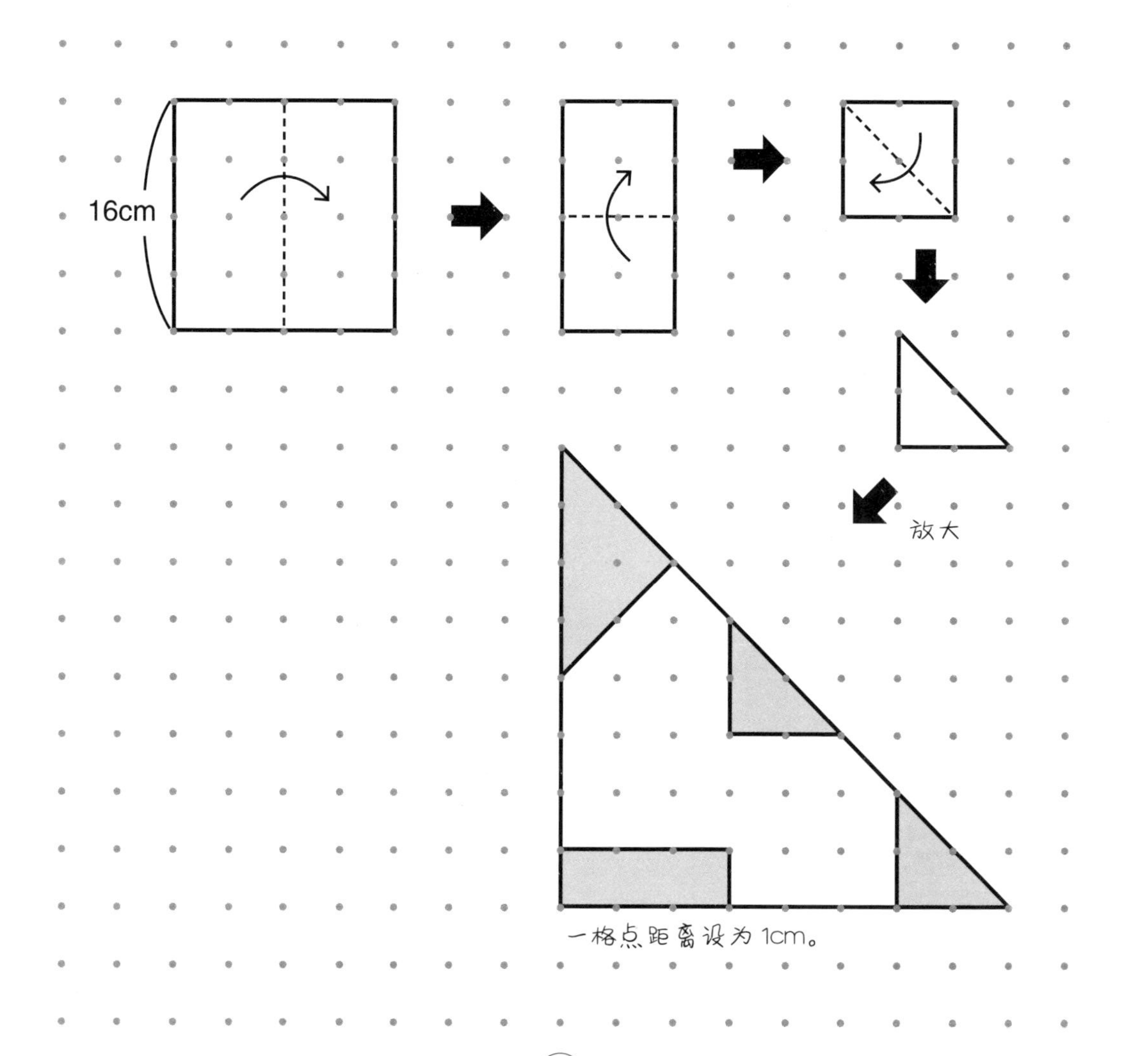

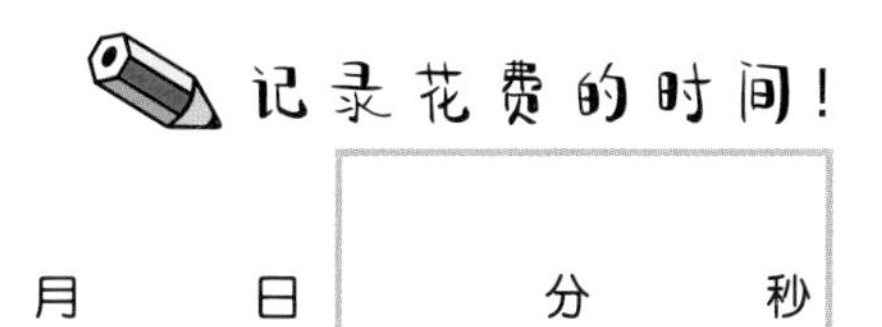

解答栏

如下图所示，木棒 AB 长 60cm。在 A 处观察木棒 AB 映在镜子中的影像，木棒影像在镜面上的长度是多少 cm？请试着画出镜中的木棒吧。一格点距离设为 10cm。

→答案在第 105 页

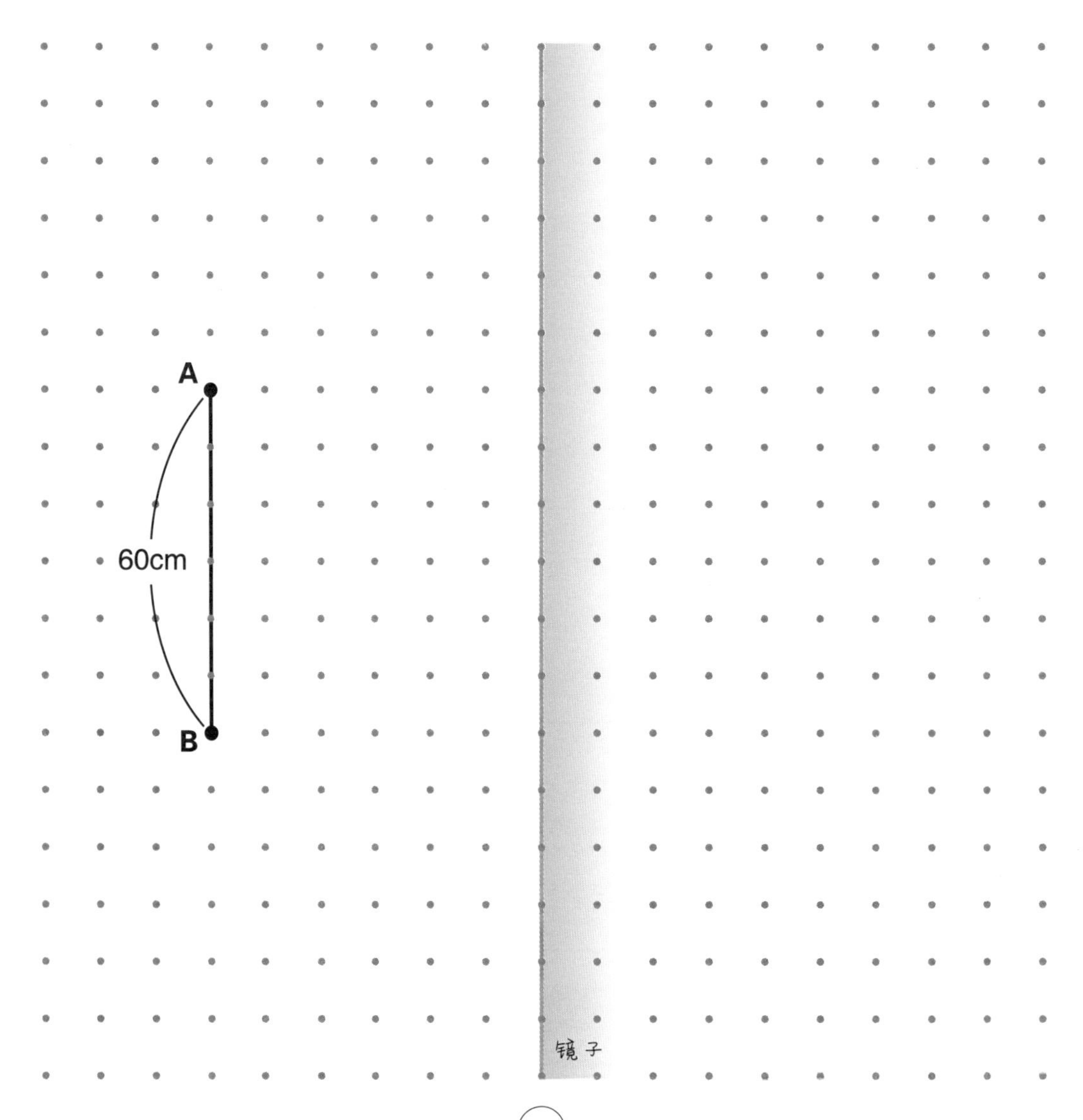

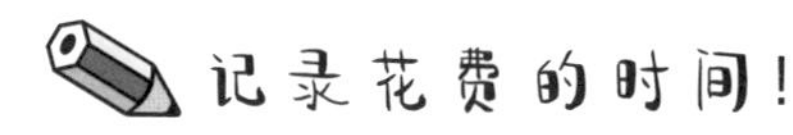

月　日　分　秒

3分钟内完成 合格　2分钟内完成 天才

解答栏

A

B

镜子

如下图所示，木棒 AB、木棒 CD 的长度均为 60cm。在 O 处观察两根木棒映在镜子中的影像，两根木棒影像在镜面上的长度各是多少 cm？请试着画出镜中的木棒吧。一格点距离设为 10cm。

→答案在第 105 页

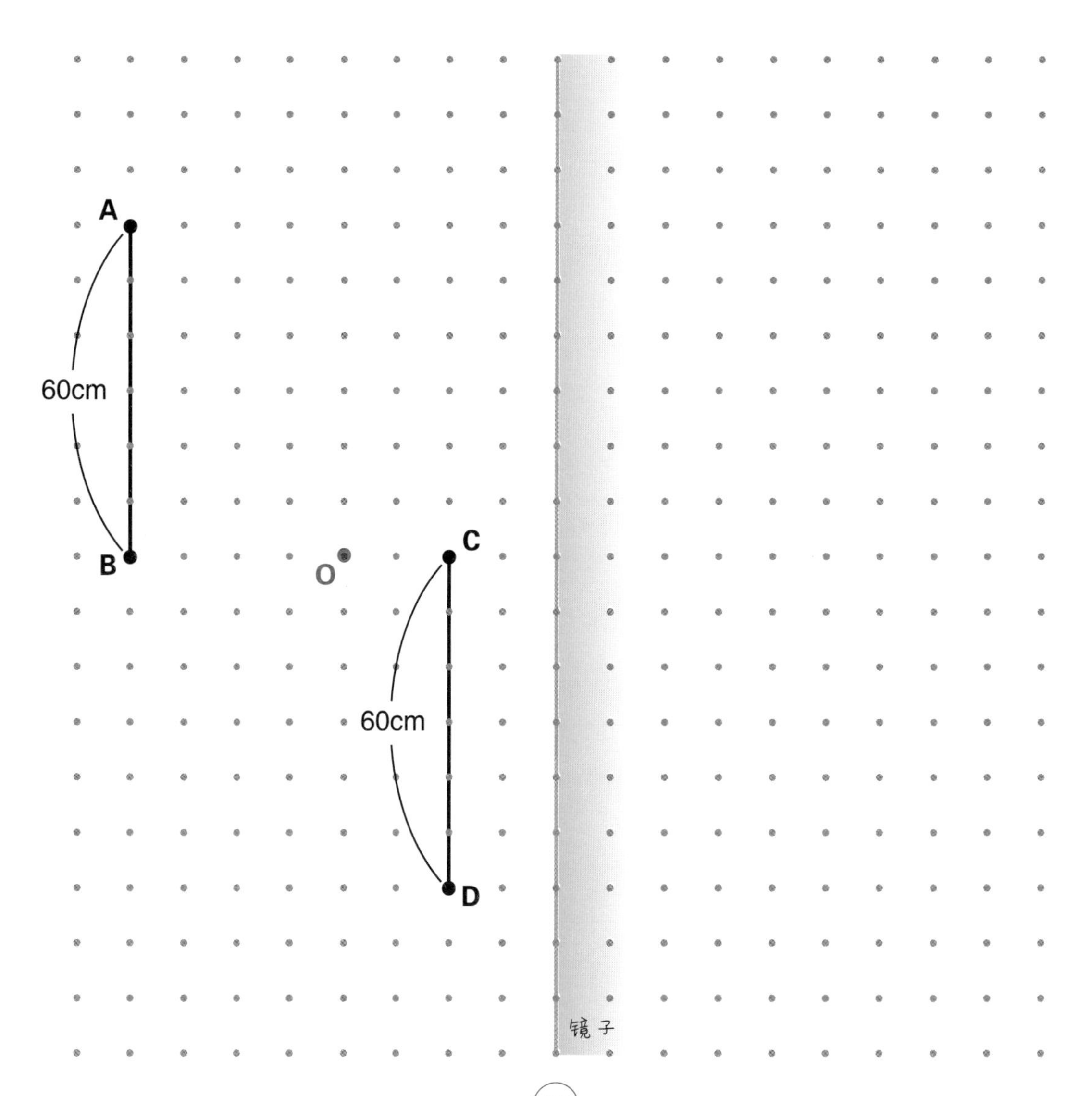

月　　日　　分　　秒

3分钟内完成 合格　2分钟内完成 天才

解答栏

A

B　O　C

D

镜子

如下图所示，这是一个四面都是镜子的房间。从 P 点射出一道光，沿箭头方向前进。求这道光碰到房间角落前一共反射了多少次？

→答案在第 106 页

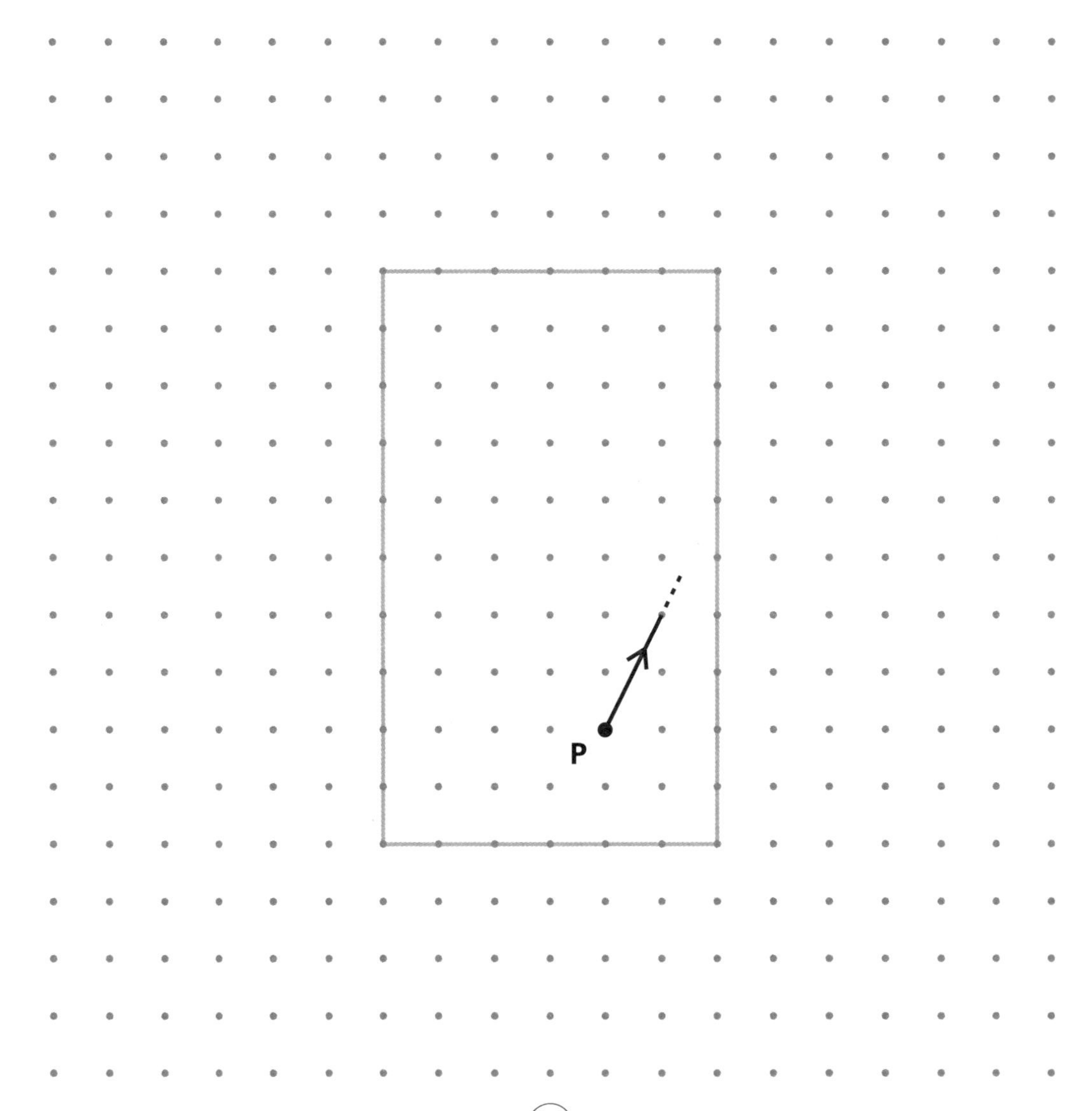

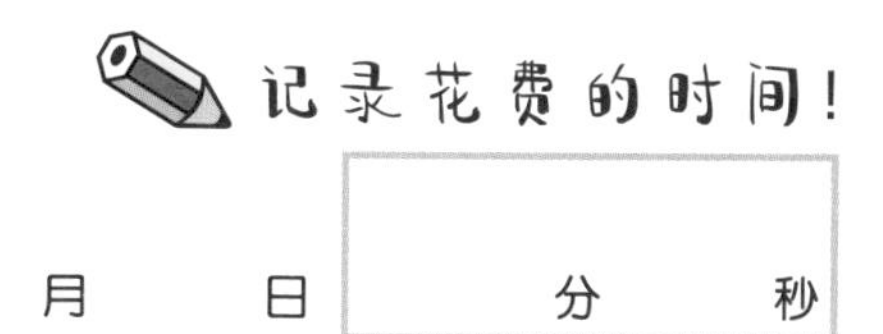

解答栏

P

你画对了吗？

如下图所示，这是一个四面都是镜子的房间。从 P 点射出一道光，沿箭头方向前进。求这道光碰到房间角落前一共反射了多少次？

→答案在第 106 页

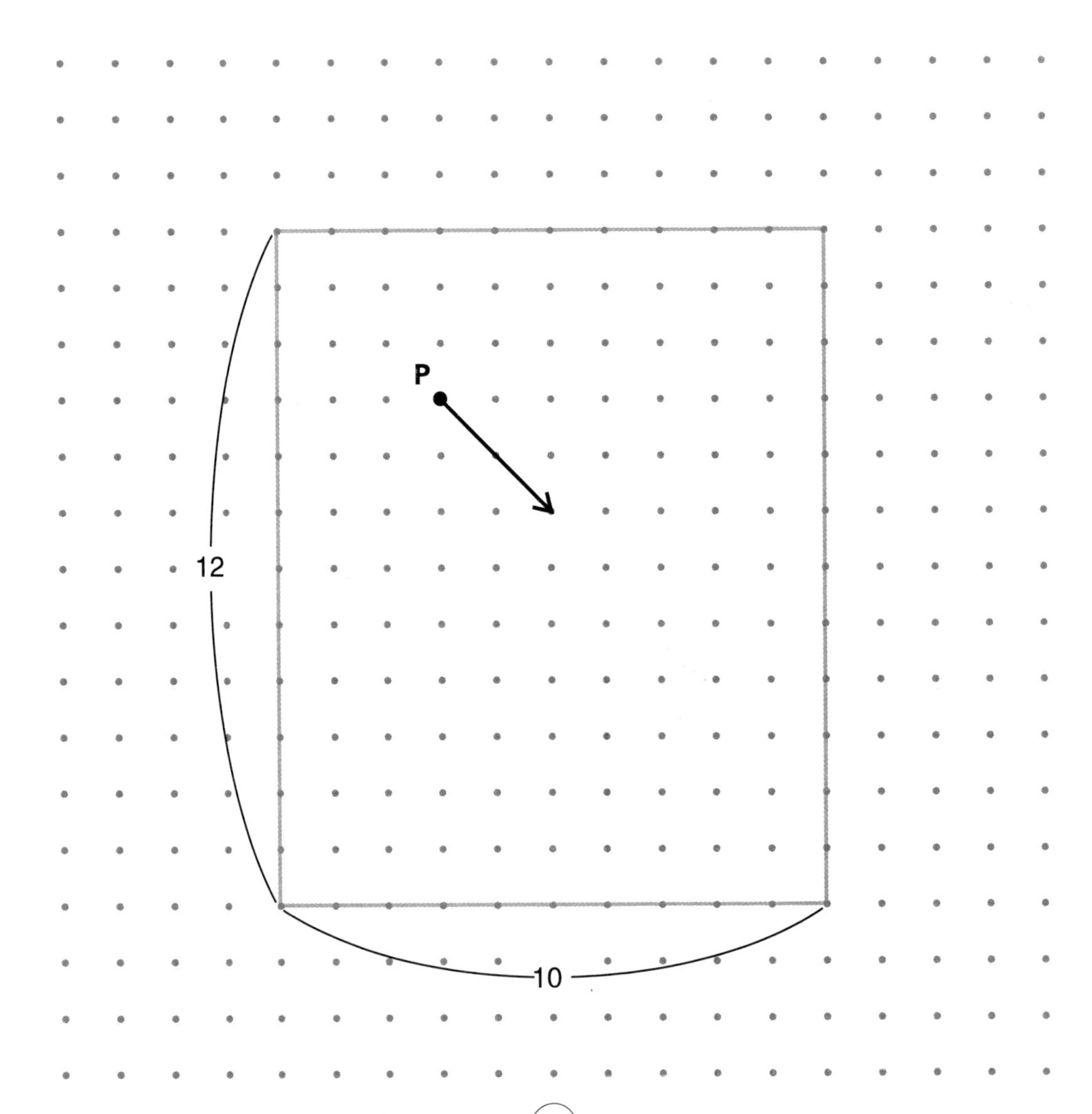

记录花费的时间！

月　　日　　分　　秒

3分钟内完成 合格　2分钟内完成 天才

解答栏

P

如下图所示，在黑暗的房间中放置一面巨大的镜子。然后在 A~F 的位置上放好蜡烛，用线段表示屏风。在 O 处观察各个蜡烛，由于屏风的遮挡，一部分的蜡烛光被遮住了。

① A~F 中，能直接观察到的蜡烛有哪些？

② A~F 中，能在镜子中观察到的蜡烛有哪些？

→答案在第 107 页

记录花费的时间！

月　　日　　分　　秒

3 分钟内完成 合格　2 分钟内完成 天才

解答栏

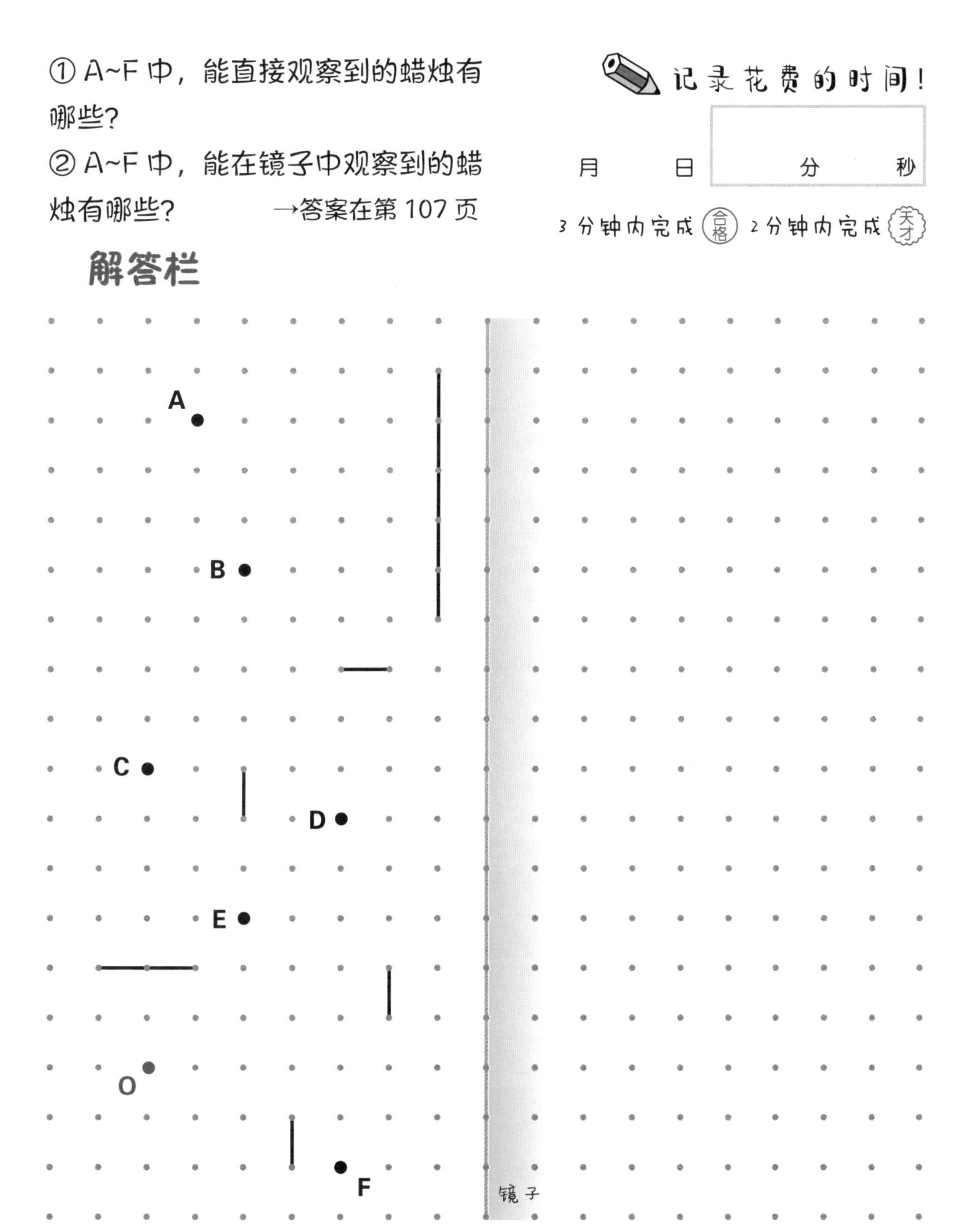

如下图所示，房间的两面墙是镜子。A、B 两人中间有一扇屏风，所以不能直接相见。不过，通过镜子可以同时看见彼此。

①站在 B 处观察，A 在镜子中的影像在哪里？请画出示意图。

②假设从 A 点射出一道光到 B。请画出这道光的路线。

→答案在第 107 页

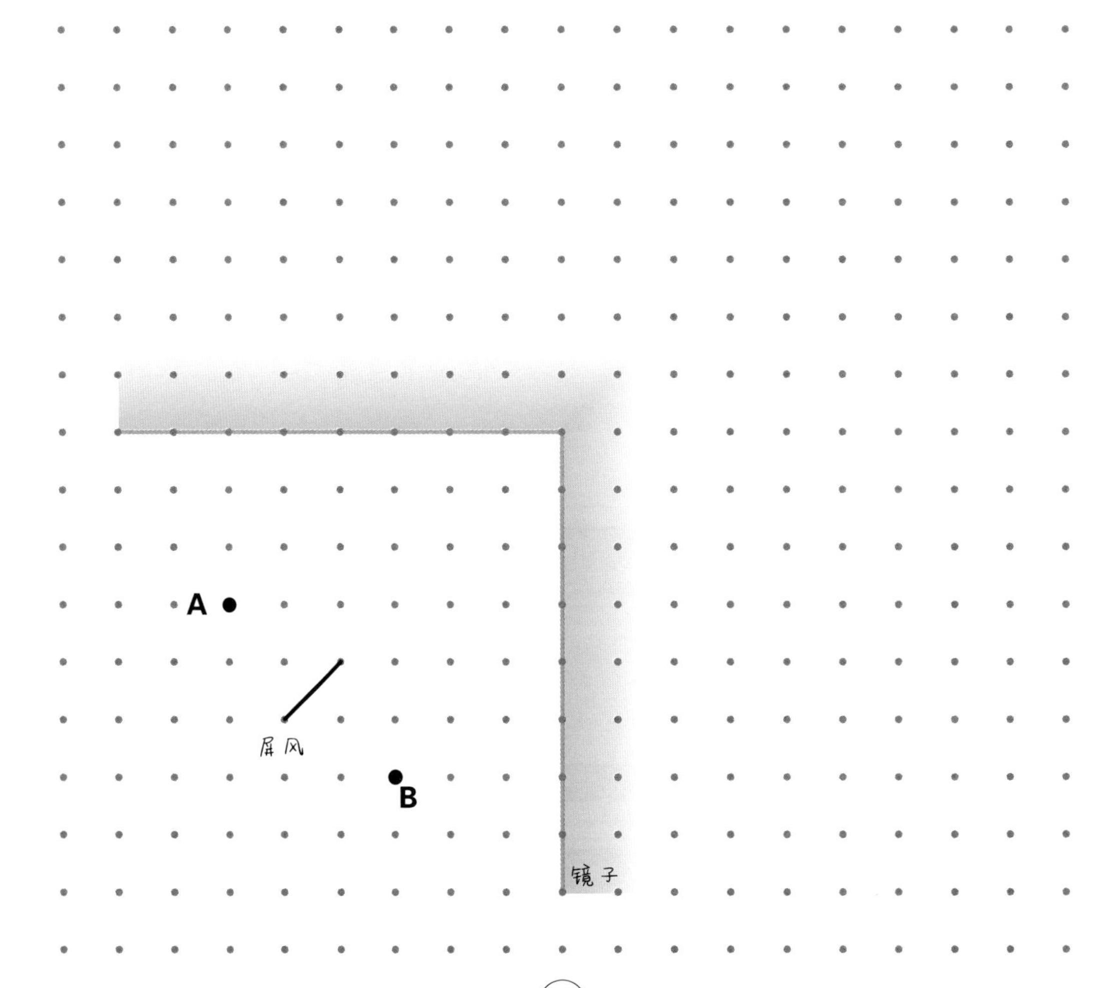

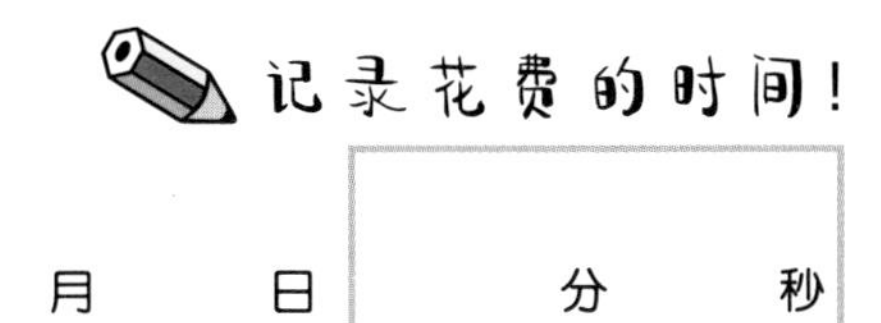

解答栏

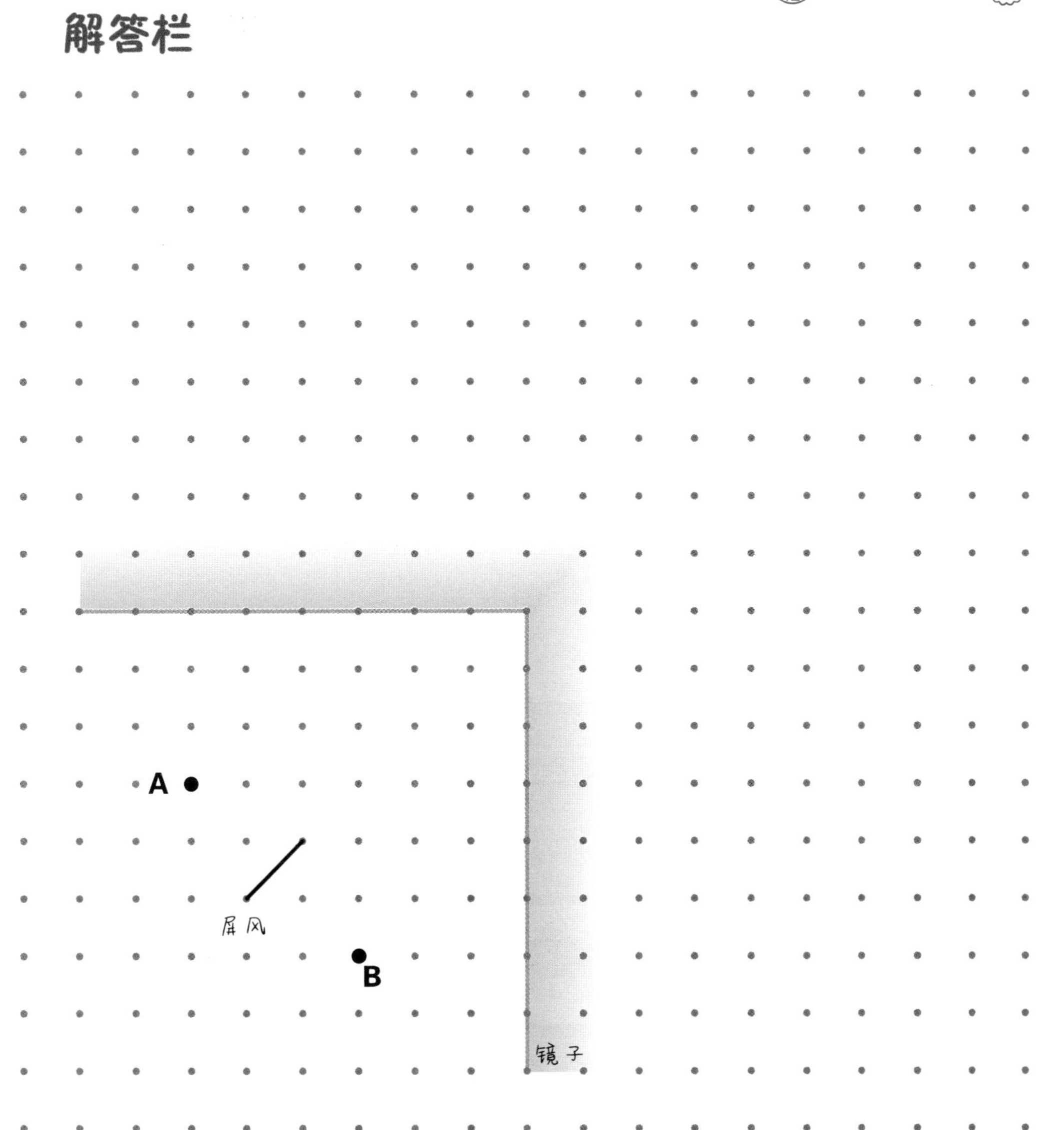

如下图所示，有 3 个形态各异的积木块。请将 3 个积木块组合成轴对称图形。除了给出的示例，你还能组成几种？

注意：在平面上，积木块可以进行旋转；组合方式不同但形状相同的，属于同一种轴对称图形。

→答案在第 108 页

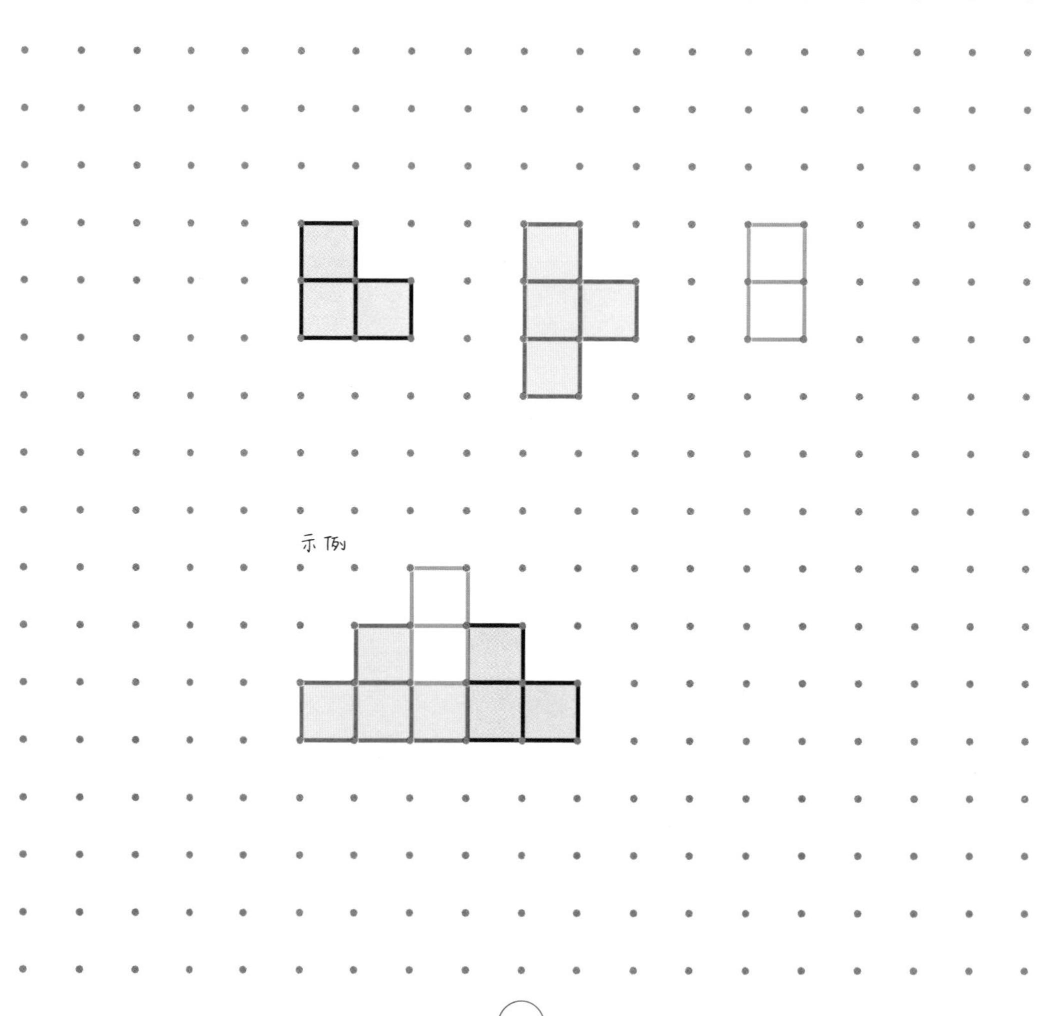

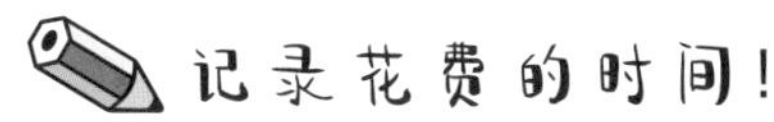

月　日　分　秒

15 分钟内完成 合格 10 分钟内完成 天才

解答栏

你发现了好多呀！

如下图所示，有 3 个形态各异的积木块。请将 3 个积木块组合成轴对称图形。除了给出的示例，你还能组成几种？

注意：在平面上，积木块可以进行旋转；组合方式不同但形状相同的，属于同一种轴对称图形。

→答案在第 108 页

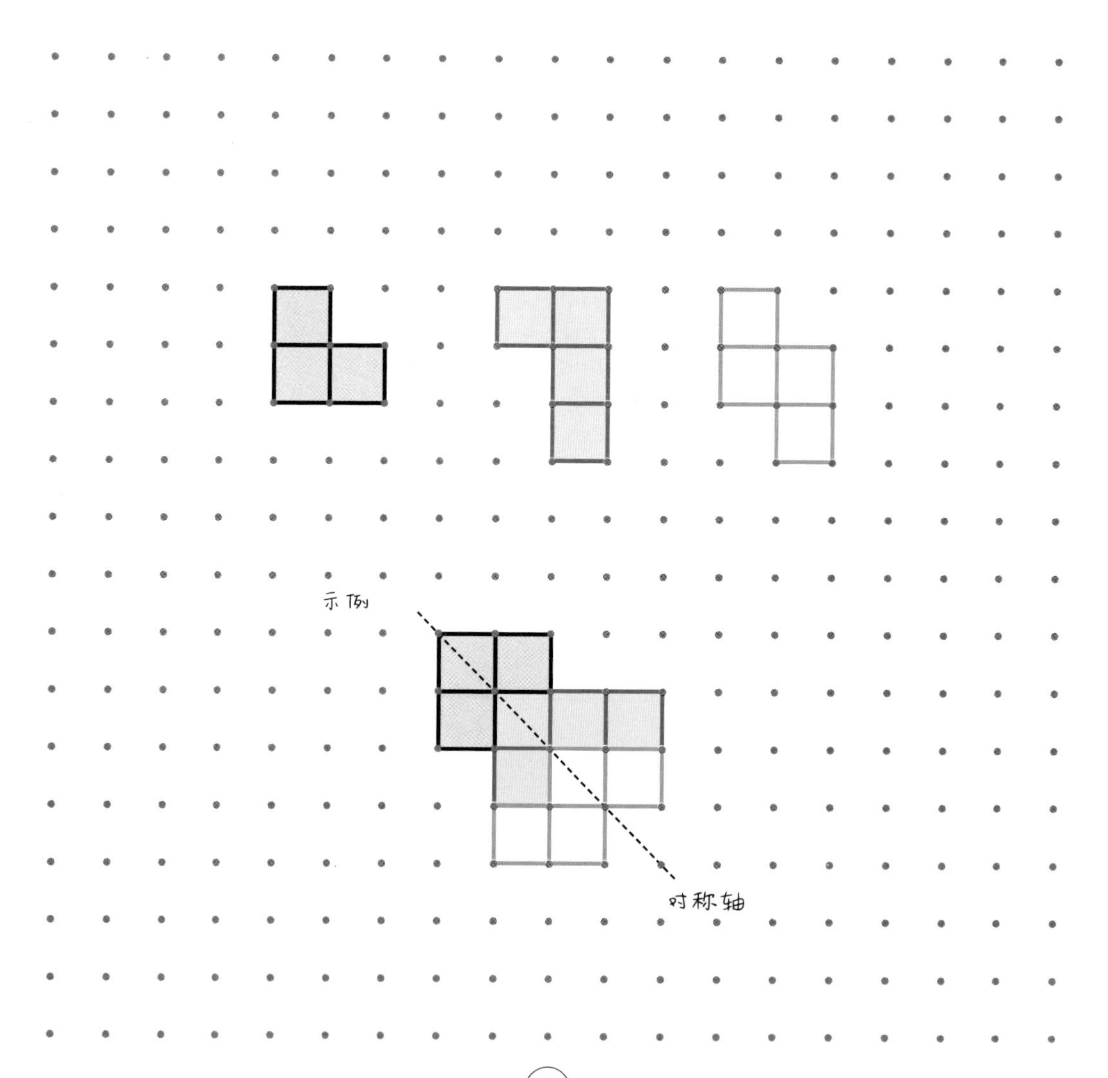

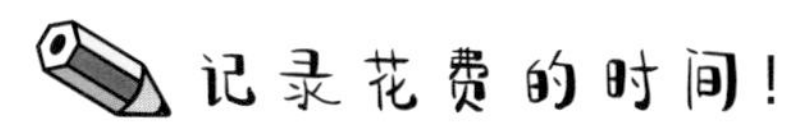

月　　日　　分　　秒

15 分钟内完成 合格　10 分钟内完成 天才

解答栏

解答篇
最好不要提前
看答案，再努力
想一想吧！

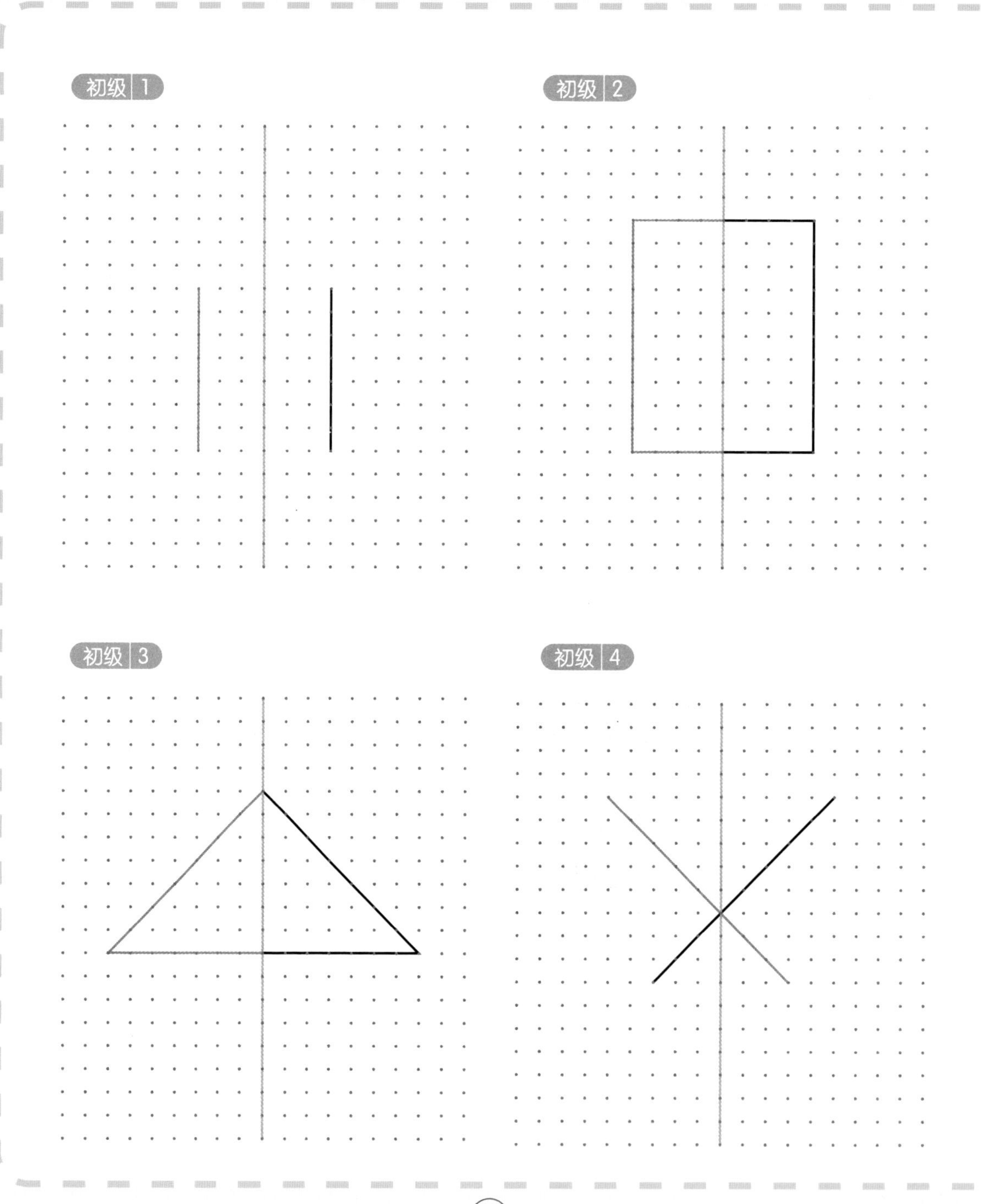
初级 1
初级 2
初级 3
初级 4

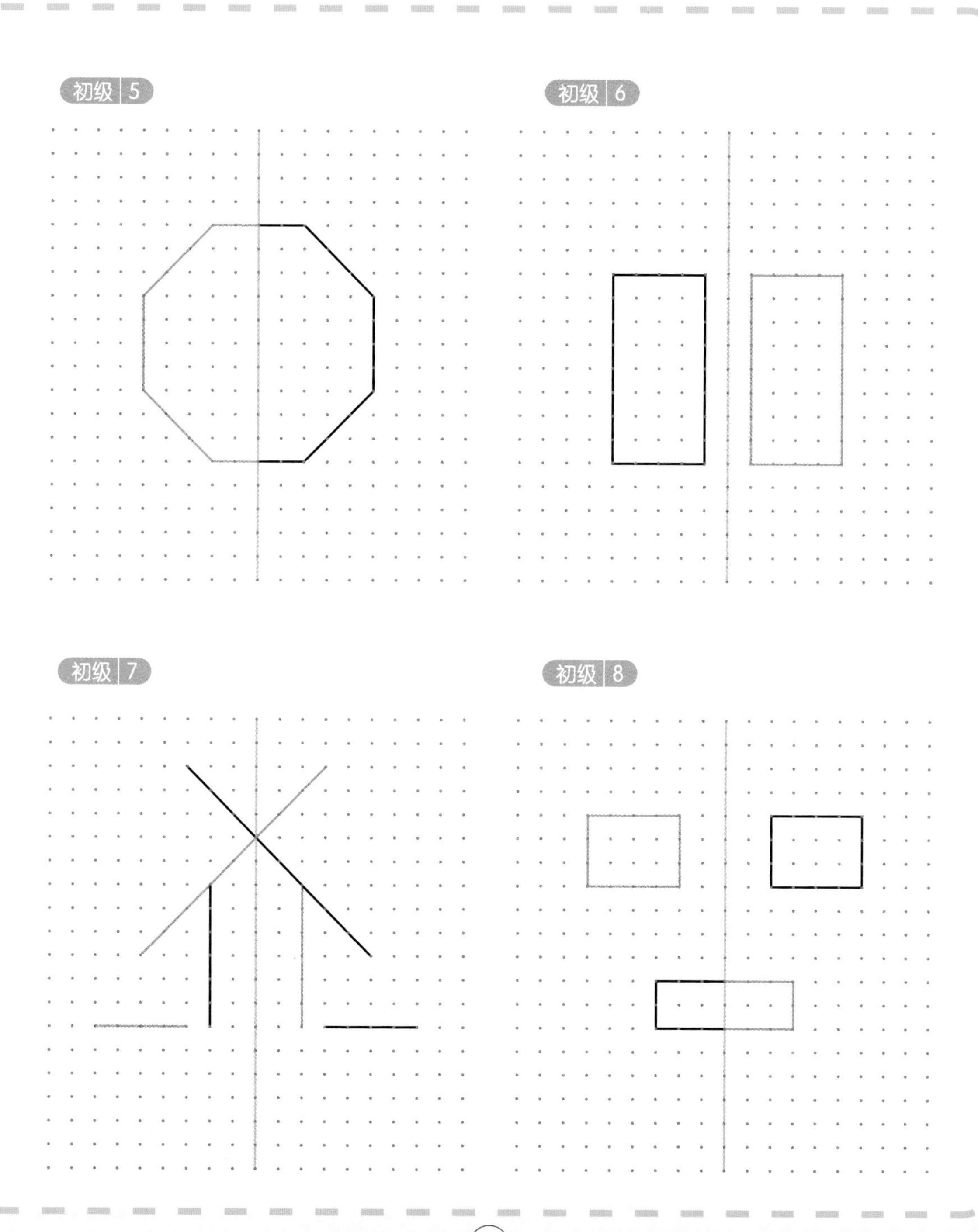
初级 5
初级 6
初级 7
初级 8

初级 9

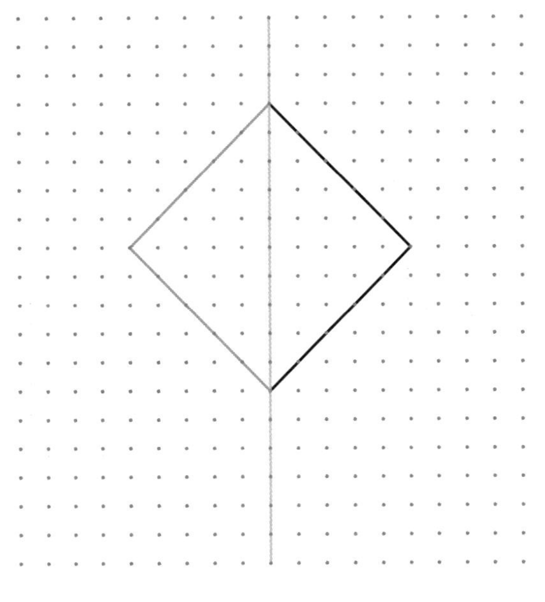

初级 10

初级 11

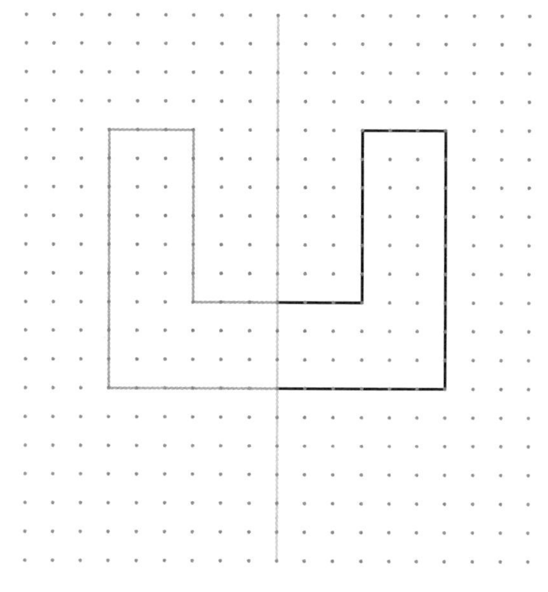

初级 12

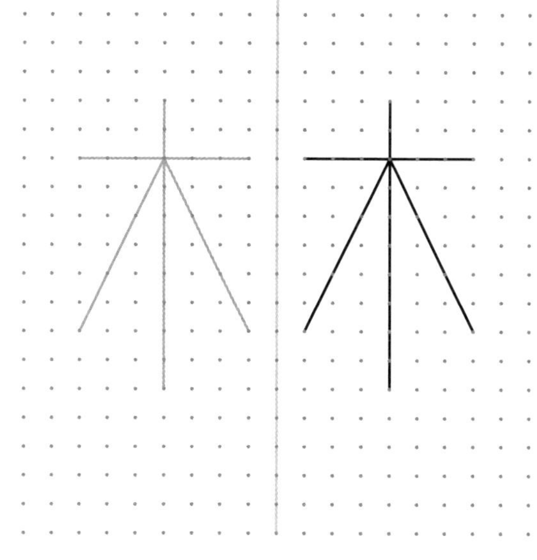

初级 13

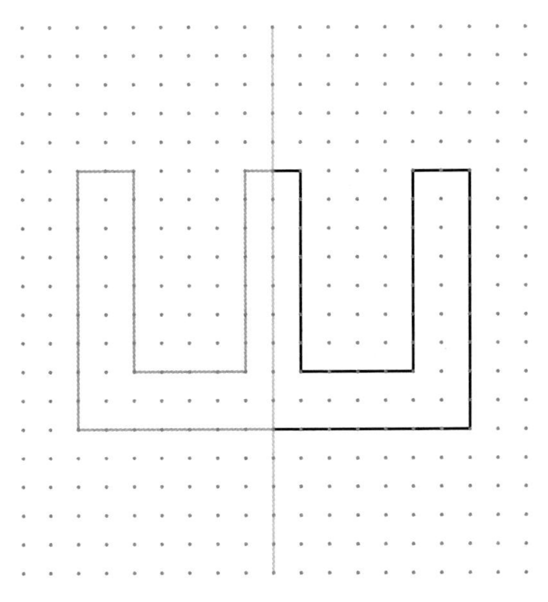

初级 14

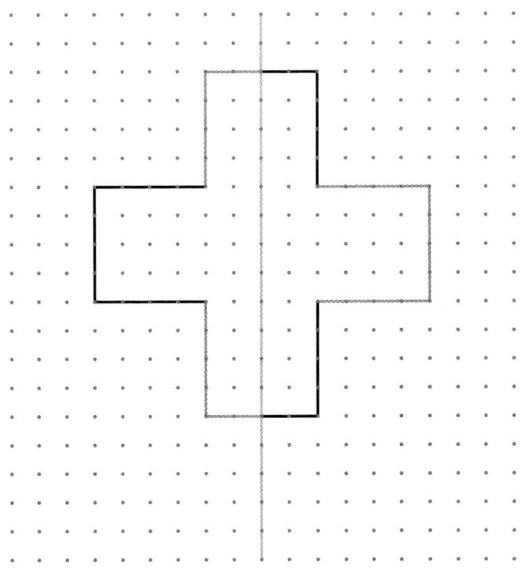

初级 15

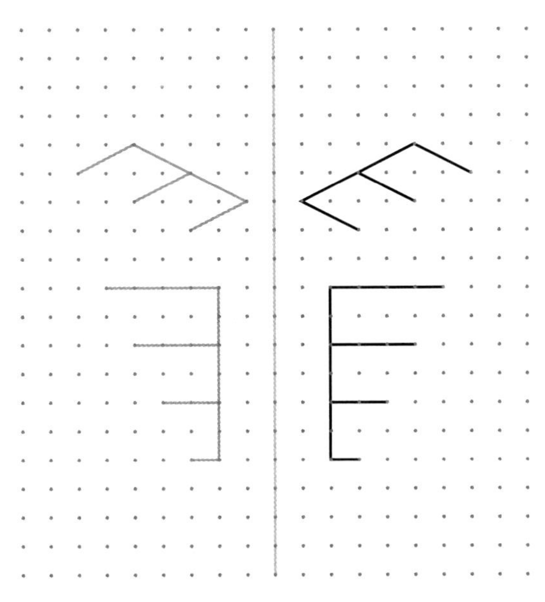

初级 16

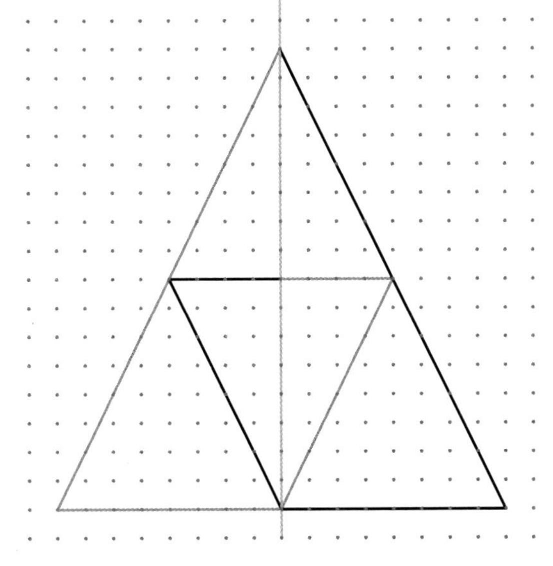

初级 17

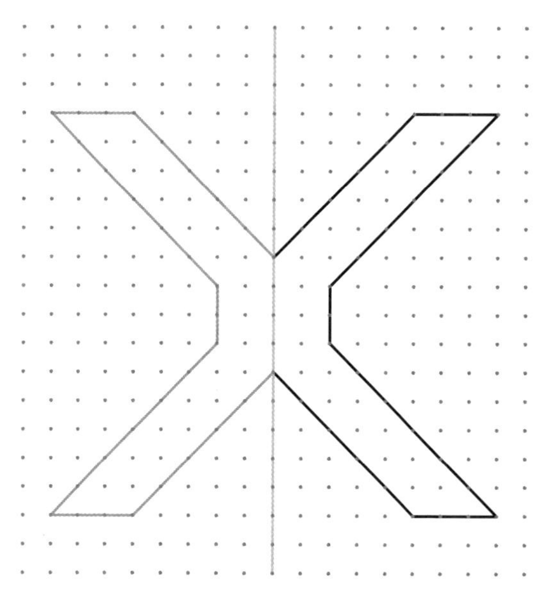

初级 18

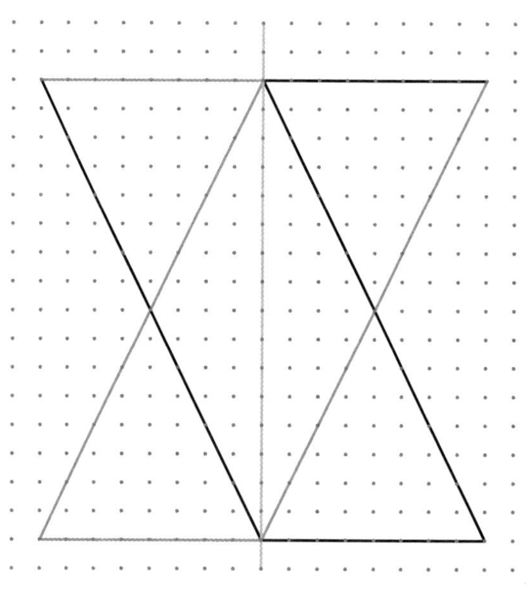

初级 19

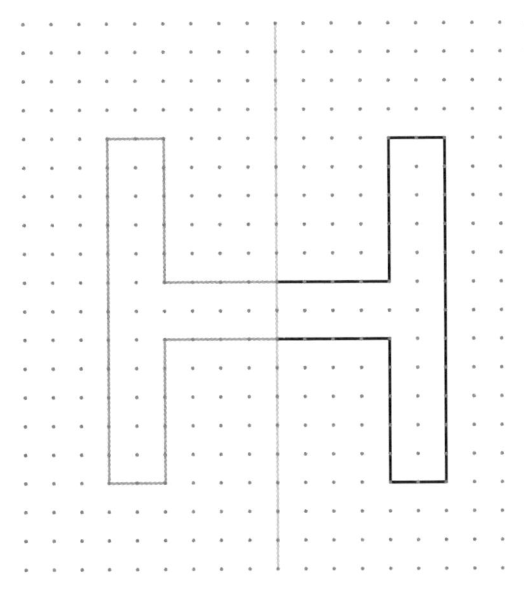

初级 20

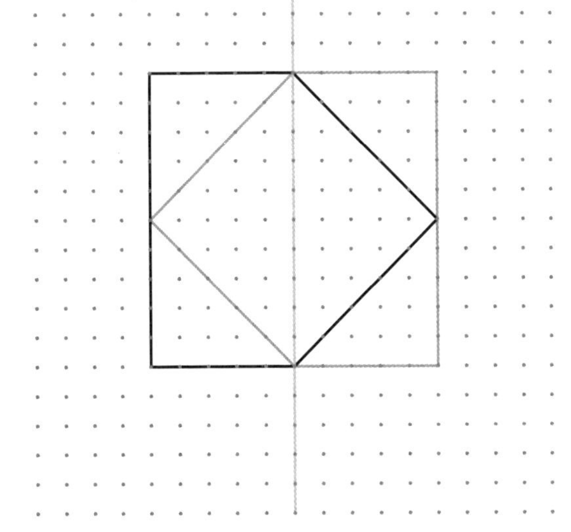

初级 21

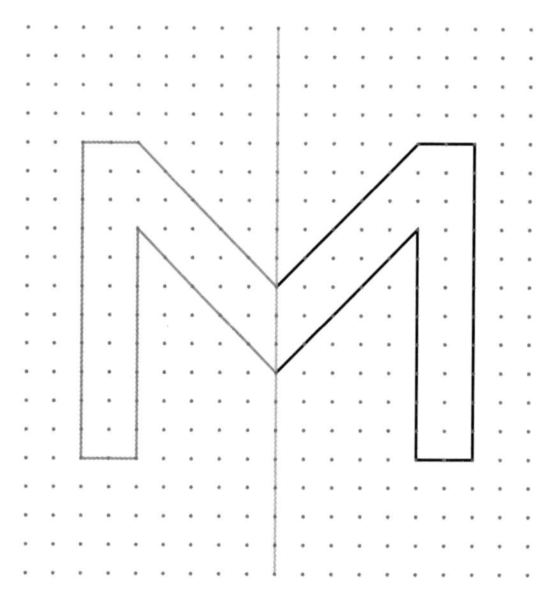

初级 22

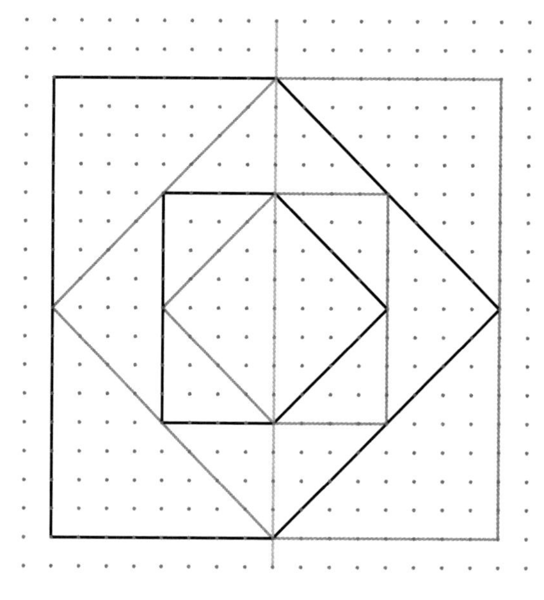

初级 23

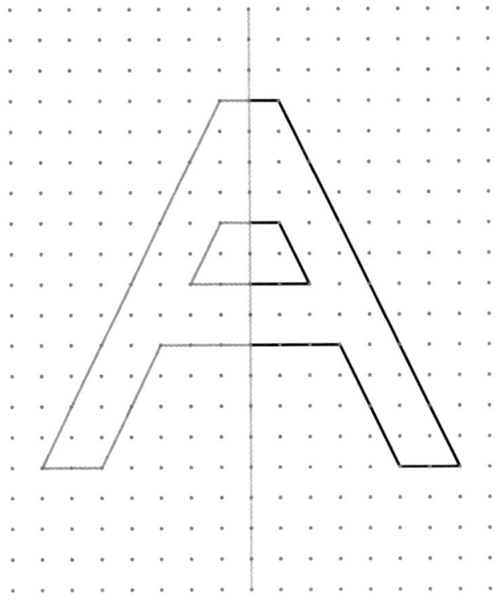

初级 24

中级 1

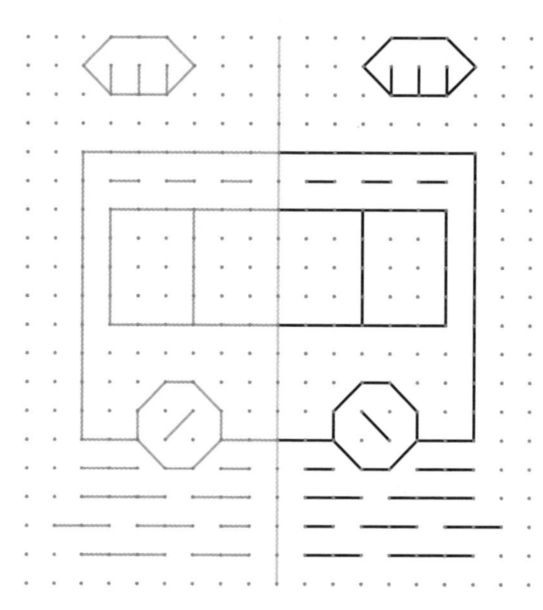

中级 2

中级 3

中级 4

中级 5

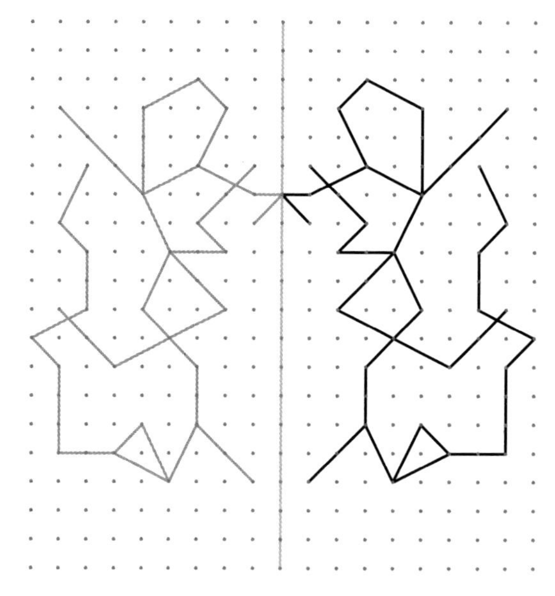

中级 6

中级 7

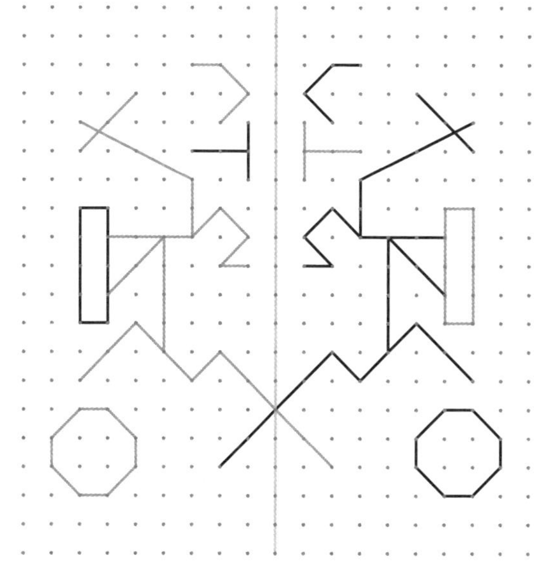

中级 8

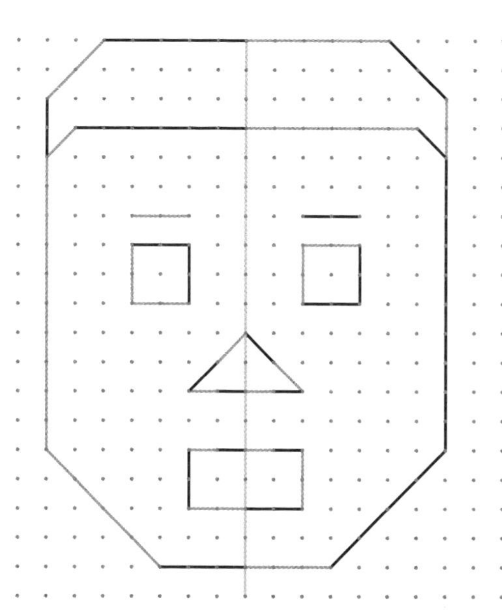

中级 9

中级 10

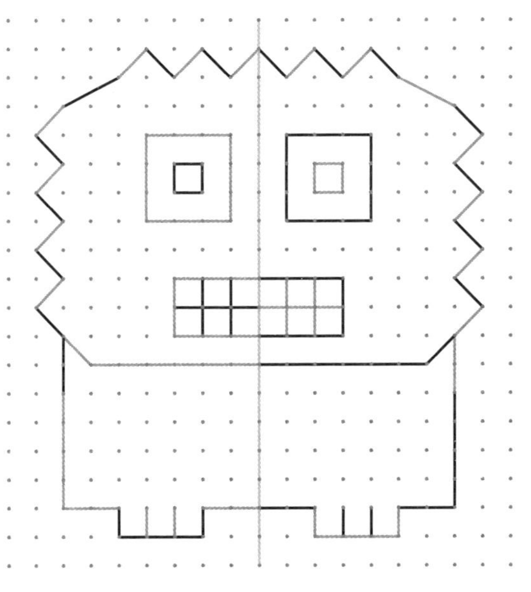

高级 1

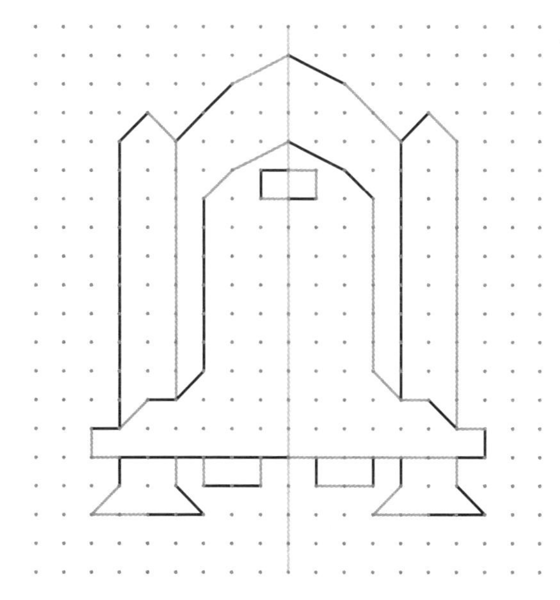

高级 2

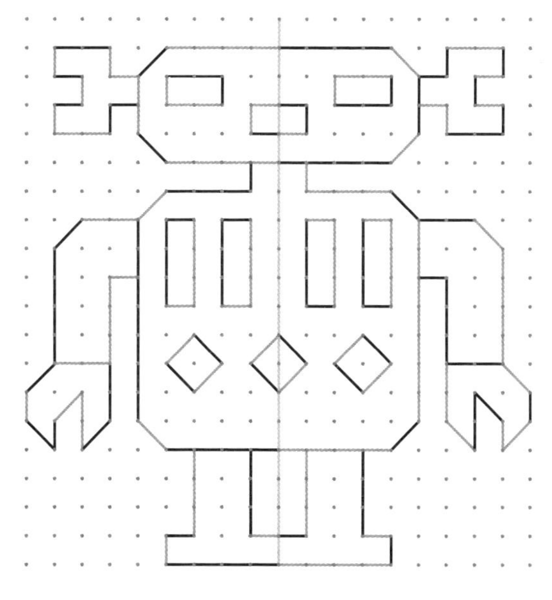

高级 3

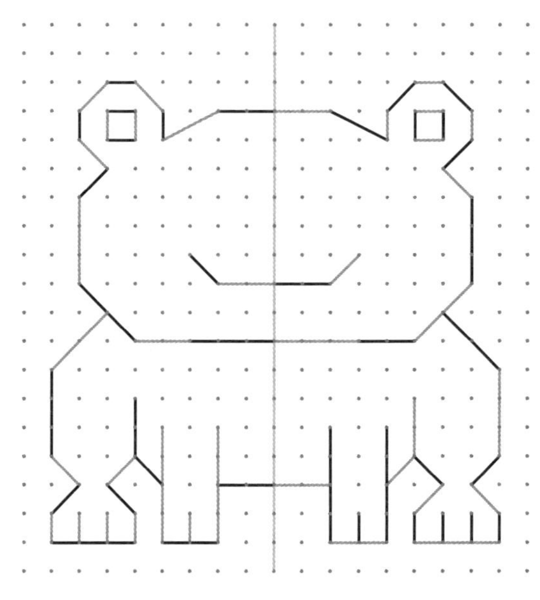

高级 4

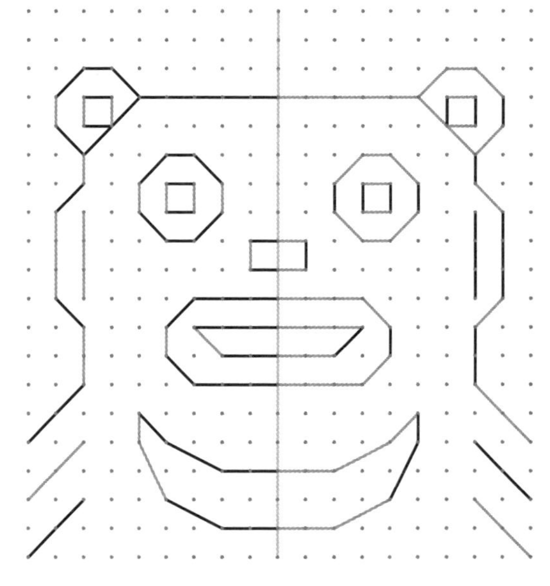

高级 5

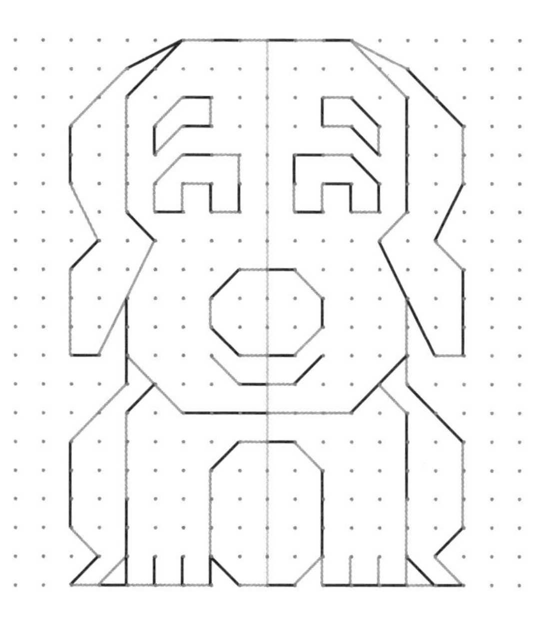

高级 6

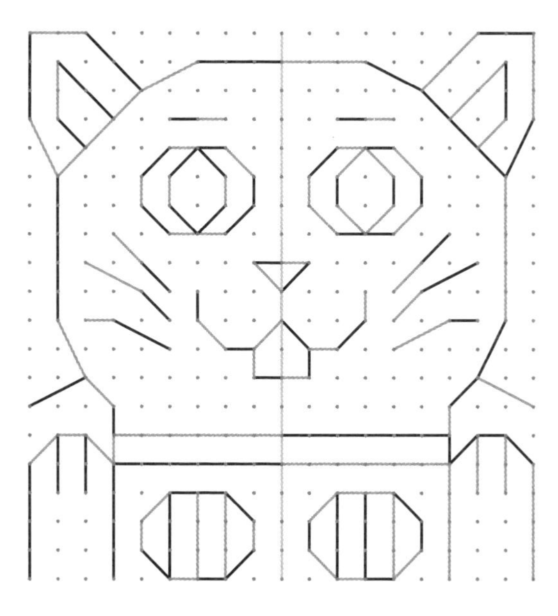

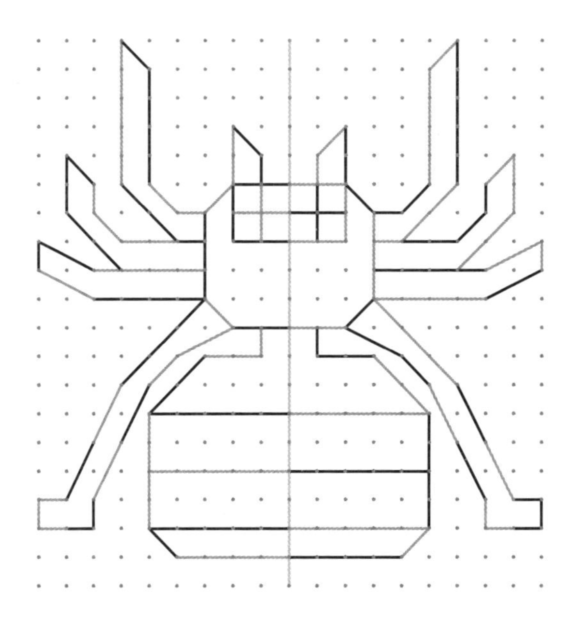

高级 8

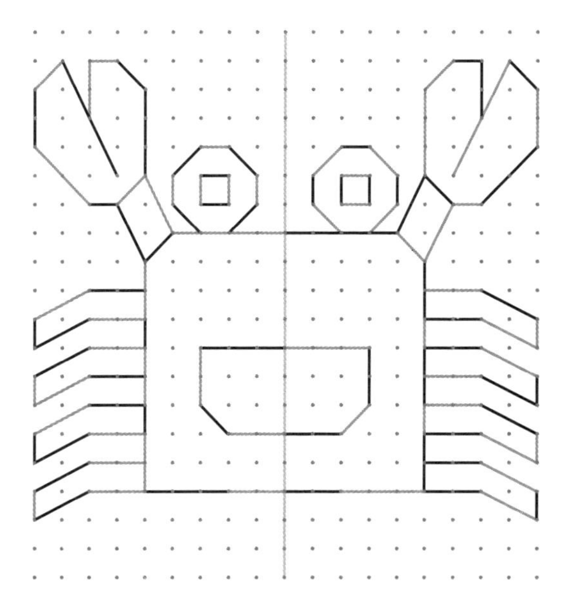

高级 9

高级 10

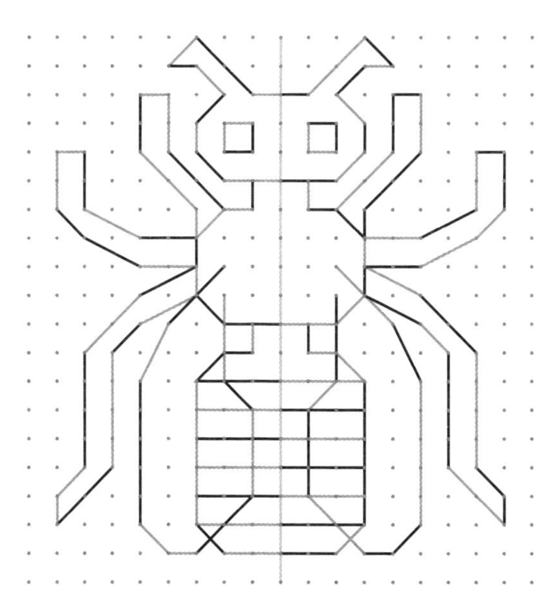

右图中加粗的线

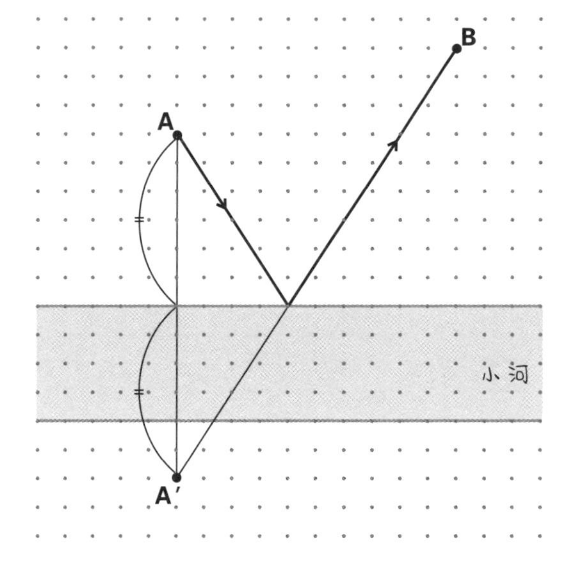

天才 2

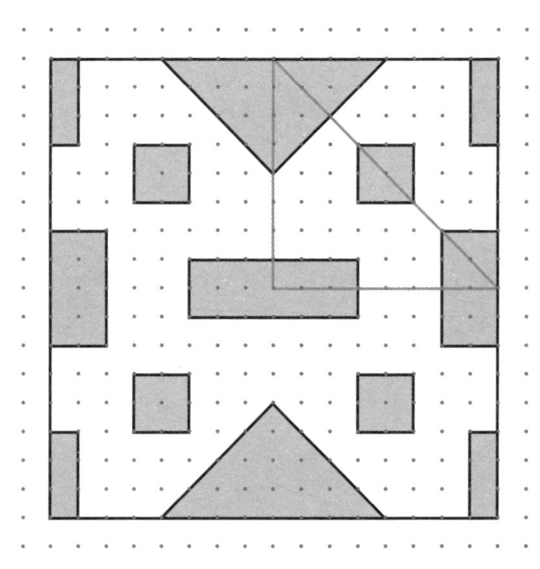

天才 3

光线的行进、反射方向分别是 A→P→A 和 B→Q→A。可知 PQ 的长度是 30cm。

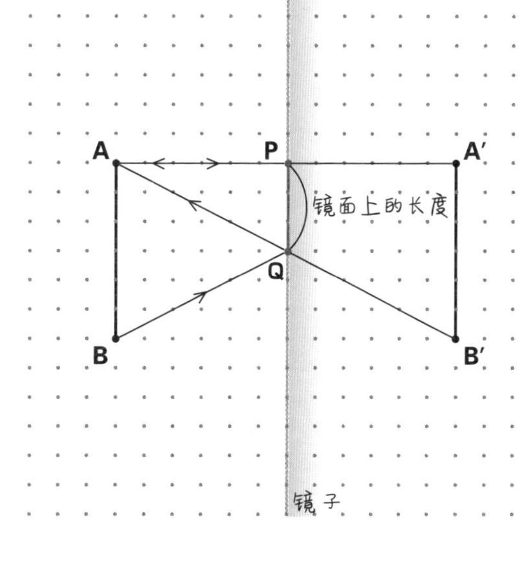

天才 4

木棒 AB 在镜面上的长度是 20cm，木棒 CD 在镜面上的长度是 40cm。

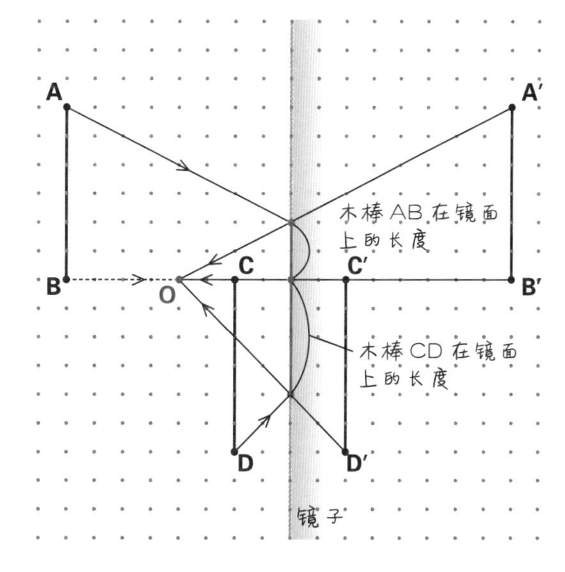

4 次

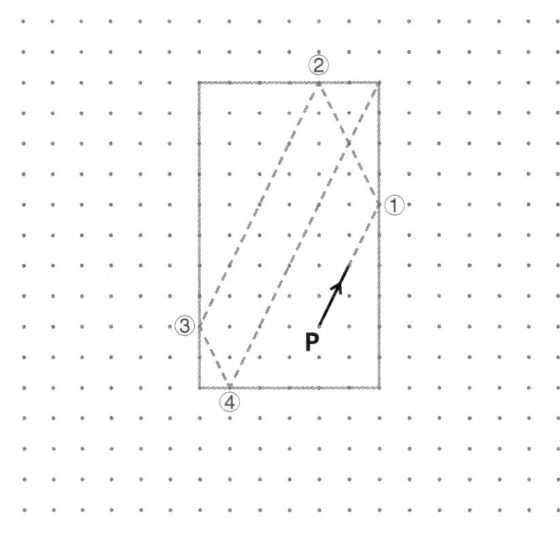

天才 6

9 次

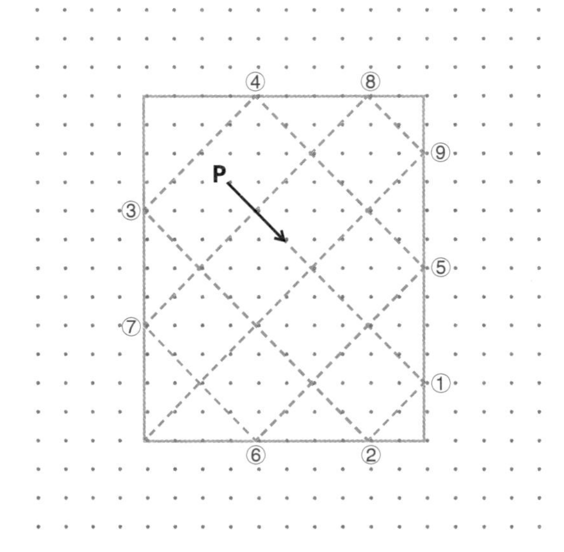

天才 7

以镜子为对称轴，画出蜡烛 A~F 在镜子中的影像，即右图中的 A' 到 F'。分别连接镜中影像与 O，如果没有被屏风遮挡的话，就能在镜子中观察到。

—— 实际光线的行进路线

- - - 与实际光线的行进路线形成轴对称关系的路线

------ 被遮挡住的光线的行进路线（并非所有光线都被遮挡住）

① D,E ② A,D,F

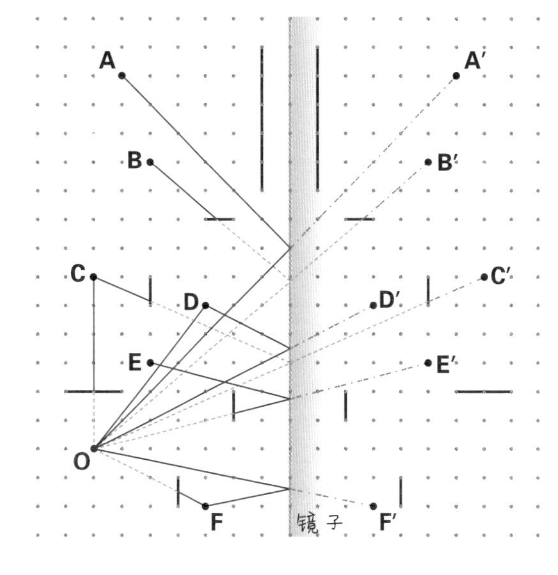

天才 8

以 l 为对称轴，A 与 A' 为轴对称关系。

以 m 为对称轴，A 与 A'' 为轴对称关系。

以 m 为对称轴，A' 与 A''' 为轴对称关系。

①影像在右图的 A'、A''、A''' 位置

②路线为右图的实线

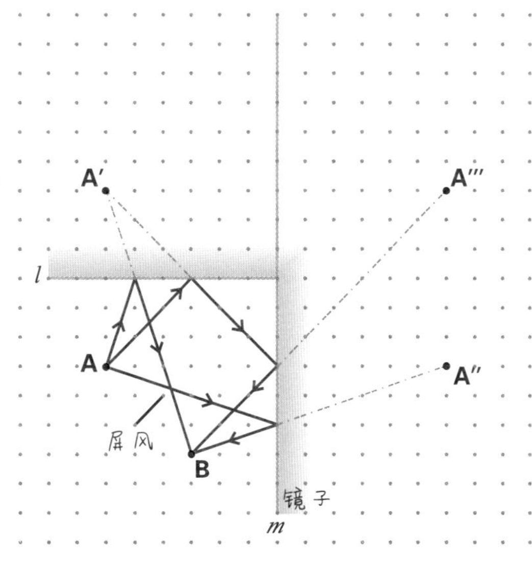

解答示例

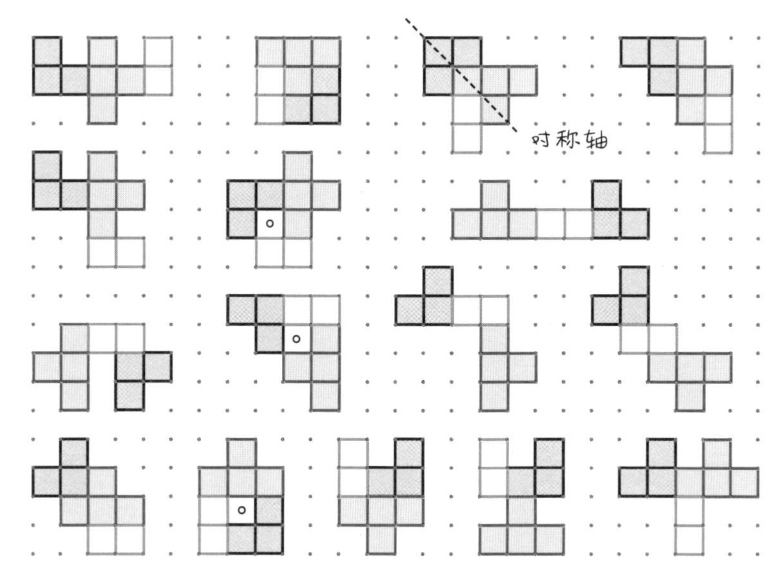

○处没有积木

天才 10

解答示例

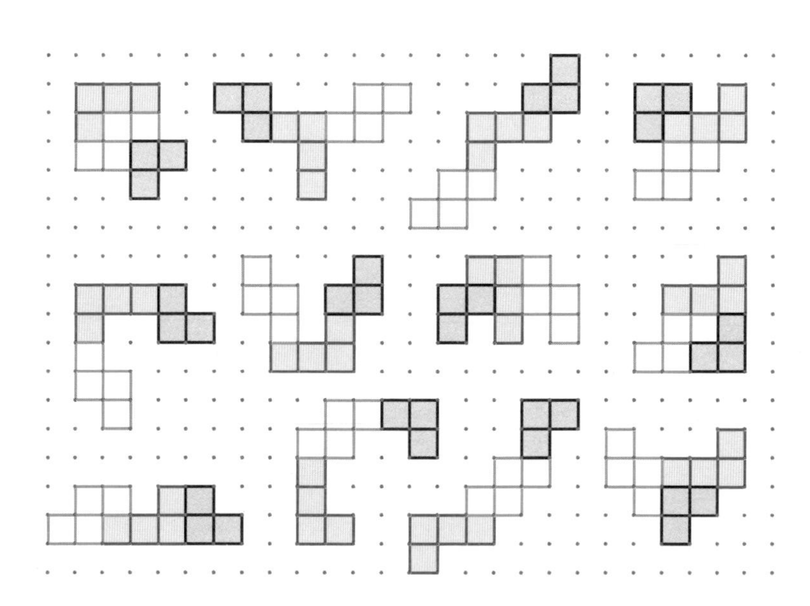